U0155563

N文库

就在身边的奇妙鸟巢

身近な鳥のすごい巣

[日] 铃木守 / 著
郭佳琪 / 译

贵州出版集团
贵州人民出版社

图书在版编目（CIP）数据
就在身边的奇妙鸟巢 /（日）铃木守著；郭佳琪译 .
贵阳：贵州人民出版社，2024. 10. --（N 文库）.
ISBN 978-7-221-18515-0
Ⅰ . Q959.7-49
中国国家版本馆 CIP 数据核字第 20247UM025 号

JIUZAI SHENBIAN DE QIMIAO NIAOCHAO
就在身边的奇妙鸟巢
［日］铃木守 / 著
郭佳琪 / 译

选题策划	轻读文库	出 版 人	朱文迅
责任编辑	欧杨雅兰	特约编辑	张雅洁

出　版	贵州出版集团　贵州人民出版社
地　址	贵州省贵阳市观山湖区会展东路 SOHO 办公区 A 座
发　行	轻读文化传媒（北京）有限公司
印　刷	北京雅图新世纪印刷科技有限公司
版　次	2024 年 10 月第 1 版
印　次	2024 年 10 月第 1 次印刷
开　本	730 毫米 × 940 毫米　1/32
印　张	6.25
字　数	114 千字
书　号	ISBN 978-7-221-18515-0
定　价	35.00 元

关注轻读

客服咨询

目录

前言

一提到“鸟巢”，很多人也许会想到鸟儿的住所，但实际并非如此。鸟巢建造于鸟儿产卵之时，一旦雏鸟离巢就不会再使用，直至最终因刮风下雨而破裂倒塌。也许有人会说“我家的燕子每年都回同一个巢”，但鸟巢中的泥土其实只相当于房屋的地基，燕子还需往里面重新加入枯草、羽毛等材料，因此也就相当于每年都搭建一座新巢了。

对于鸟儿来说，筑巢是一项至关重要的任务。为了保护最珍贵的蛋和雏鸟免受捕食者的侵害，鸟巢需要建在不易被发现的地方。同时，鸟巢还肩负着保护小生命免受酷热和严寒的责任。

然而，综观过去的文献，几乎找不到充分论述鸟巢的重要性和吸引力的内容。因此，尽管全世界的人都听说过鸟和鸟巢，真正了解鸟巢的人却寥寥无几。

试想一下，读者中有多少人能够迅速想象出绣眼鸟或树莺的巢呢？又有多少人知道绣眼鸟是从蜘蛛网中取丝建巢，树莺是用竹叶搭建带有屋顶的球形巢呢？（如果你认为自己“确实都不知道”，那么建议你读完这本书。）

了解鸟巢不仅仅是了解鸟和雏鸟本身，还意味着了解鸟类栖息的环境、它们与周围生物的关系，甚至了解与人类生活密切相关的居所和服饰等。这种了解不仅能够拓展我们对人与自然关系的认知，还会告诉我们人类为何存在、本能是什么等哲学性的问题。

恐龙如何进化成鸟？为什么恐龙会灭绝，鸟类却得以在如今的世界中生存？了解鸟巢不仅能够帮助我们解开这些迄今为止科学未能解开的谜团，还为我们重新审视人类社会的现状和未来提供了新的视角。

人们常问“先有鸡还是先有蛋”，实际上是先有巢。

鸟儿无须向父母或学校老师学习，凭借本能的力量就能筑巢。因此，了解鸟巢建造的秘密也将启发我们关于人类自身本能的认知。

愿本书能让读者朋友们感受到鸟儿和大自然的不可思议之处，对个体的生活模式产生新的认知，从而更好地适应和应对现实世界中的挑战。

Chapter 01 鸟巢是什么？

鸟为什么要筑巢?

从化石记录中我们可以得知，约一亿数千年前的侏罗纪早期还没有鸟类的身影，恐龙是地球上的霸主。而后来之所以出现鸟类，则与以下背景密切相关。

在那个弱肉强食的时代，小型恐龙为了避免被大型肉食恐龙捕食，采用了一系列生存策略。它们会一次性产下所有的卵，为了防止卵滚动，会在地面挖一个小坑，然后在坑中产卵——这个坑就是恐龙的巢穴。小型恐龙不仅需要保护自己不被捕食，更要保护它们珍贵的卵。卵黄富含营养，新生的恐龙宝宝看起来柔软而又美味，一旦被其他生物发现，就极有可能成为它们口中的食物。

任何动物都是如此，为了保护自己的卵和幼崽，需要在附近安全的地方一次性产下所有的卵，以防卵滚动或被发现。外敌靠近时，它们还会威吓对方来确保卵的安全。

然而，一旦被身高10米以上的肉食恐龙袭击，约30厘米长的小型恐龙显然无法应战。为了避免无谓的牺牲，小型恐龙开始尝试在大型恐龙不会出现的地方产卵，例如地面上、水域附近或丛林中和高树上。

选择在这样的地方筑巢后，小型恐龙学会了跳坡爬坡，或是利用水面蒸发产生的气流和风力跃升，甚

至能够在高树上利用上升气流滑翔。

渐渐地，它们的骨骼开始融合，骨骼结构变为中空。它们变得轻盈，发达的振翅肌肉赋予它们振翅的力量。就这样，小型恐龙逐渐演化成了能够在空中飞翔的鸟，由这样的鸟构筑的巢就成了鸟巢。

值得一提的是，始祖鸟虽然常被用作恐龙演化成鸟的证据，但由于其缺乏支撑振翅肌肉的龙骨突，似乎无法振翅飞行，只能滑翔。

关于鸟学会飞的过程，目前有三种假说。一种是翼助斜坡奔跑假说，认为鸟类在丛林间跳坡爬坡的过程中逐渐学会了飞翔。另一种是地上奔跑假说，主张鸟类在奔跑的同时学会了振翅飞翔（我认为这种情况主要适用于水鸟，所以也可以被称为水上奔跑假说）。最后一种是树上滑翔假说，认为鸟类在从树上滑翔而下的过程中逐渐获得了振翅飞行的能力。

恐龙学会和鸟类学会关于这一问题的争论已经延续了100多年："并非所有鸟都栖息在丛林中""在地面快速奔跑需要硕大的肌肉，身体过重就会导致无法飞行，鸵鸟就是典型的例子""为什么生活在地面的恐龙必须从树上跳跃而下呢"，等等。我想，这种争论可能源于各领域的专家们并不熟悉鸟巢的情况。如果了解鸟巢，就会明白演化过程并非以上三种假说的其中一种。鸟儿从"翼助斜坡奔跑"开始学会振翅，并根据不同的巢址，分别通过"水上奔跑"和"树上滑翔"获得飞行的能力。

总而言之，鸟巢的出现是为了给珍贵的卵和雏鸟创造一个安全的空间。

鸟如何筑巢?

对于鸟儿来说，筑巢、交尾、产卵、育雏、雏鸟离巢等一系列行为都出于本能。作为本能行为之一，筑巢自然无须由父母教导。

它们四处收集巢材，并将巢材围绕自身堆积成一个圆形的巢。至于鸟巢为什么是圆形的，正如前文所言，这是为了确保卵不会滚动、雏鸟不被发现或受到

翼助斜坡奔跑假说
地上奔跑假说（水上奔跑假说）
树上滑翔假说

攻击，以及保护小生命免受酷热和严寒的威胁。

人类在制作类似的容器时，会先将黏土捏成绳子的形状，然后将绳状的黏土一圈一圈地旋转堆叠成碗状。后来为了提高效率，人类开始使用陶轮，从外部旋转陶轮并用手调整形状，从而制作出碗状的容器。虽然有从外部或内部成形的区别，但上述方法都是旋转和堆积材料，结果也无太大差别——都形成了圆形的容器。

鸟类则有所不同，它们对于容器的形状并不是从一开始就有明确意识的，而是在为了保护生命而收集巢材的过程中，自然而然地形成了鸟巢的形状。由于每种鸟类所处的生态、栖息环境、天敌情况等均有差异，它们对于“安心感”，即需要收集多少材料才能安心的认知也有所不同。根据巢的位置、制作方式和巢材数量的不同，鸟巢也千姿百态，有碟状、碗状、球体状、倒扣的长颈瓶状，有些鸟巢像茅草屋顶的房子，甚至有些鸟巢还带有伪装的假入口。

鸟儿选用的巢材也各式各样。一些鸟使用枯叶和树枝，一些鸟使用自己或其他鸟的羽毛作为绝缘材料，还有一些鸟会使用羊等动物的毛，棉花，干草和土混合而成的混合物。它们巧妙地利用周围环境中的各种材料，创造出各有特色的巢。

不仅如此，有些鸟儿为了寻找一个适合繁殖、令人安心的地方，还会像燕子那样飞行数千米来到日本筑巢。

对于同为地球生命的人类来说，了解鸟类如何凭借本能筑巢，也将启示我们认知自己身在何处、如何生存。

为什么人类不了解鸟巢?

在历史的长河中，人类为何对鸟巢几乎一无所知? 对此，我想结合自己的经验谈一谈我的看法。

古今东西，有许多专注于研究鸟类的学者，即所谓的鸟类学家。研究绣眼鸟的学者很了解绣眼鸟的巢，研究麻雀的学者很了解麻雀的巢……对于各种具体的鸟巢，人类有着详细的认知。

然而，其中存在一种陷阱或者说方向性的差异，正是这种差异导致了鸟巢至今未能被广泛了解。

鸟类学家在研究鸟巢时，通常只关心产卵数，在特定区域内的鸟巢数，与10年前相比鸟巢数是增加还是减少，等等，总之是一种类似于国家人口普查的统计视角。这种视角自有其道理，无疑也非常重要，包括我自己也如此认为。

但我不是鸟类学家，在东京艺术大学读到大四之后，我选择退学，成了一名在山中生活的绘本作家和画家。某一天，我无意间在山中发现了鸟巢，这一偶然的发现将我引入了鸟巢的神秘世界。在此之前，我做梦也没想过有一天我会与鸟巢发生如此命运般的邂逅。是的，作为一名画家和造型艺术家，比起统计巢穴的数量，我对其美丽的造型更加着迷。

我至今仍记得当时发现鸟巢的感受："多么美丽可爱的立体结构啊！到底是如何用枯草制成这种碗状的呢？有多少只雏鸟在这里成长而又离巢飞走了呢？"

最后一个问题与鸟类学者的视角有共同之处，但前两个观点却与传统学者的视角完全不同。结合各自的专业背景来看，这也是理所当然的事情。我更关注鸟巢的造型，将其看作如雕塑、工艺品一般的艺术品，所以我会想鸟儿到底是如何筑巢的，为什么鸟巢会有各种形状，巢材不一，甚至会想是否可以在画廊里展出。这是感受方式的不同，或者说是研究方向的差异——追求造型的视角还是统计学的视角，并无对错之分。

从鸟类学者的角度来看，鸟巢的造型并不属于研究对象，因此没有人特地前往海外寻找鸟巢，这也导致了关于全球鸟巢的综合性著作的缺失。而对于一般人来说，更是很难有机会亲眼见到鸟巢，因为它们通常建在难以被发现的地方，并且在雏鸟离巢之后很快就会遭到破坏。不仅如此，人们还对鸟巢抱有诸多负面印象，例如满是粪便不够卫生，乱糟糟的发型也被叫作鸡窝头……这种负面印象可能也是人们对鸟巢无感的原因之一。

为了避免误解，我得先澄清一下，我并非要与鸟类学者进行争论。在研究鸟巢的过程中，我拜访了很多鸟类学者，向他们请教了关于鸟类的各种知识，他们还送给我很多不再需要的鸟巢。不仅如此，学者们还鼓励我说："推广鸟巢会帮助人类更加了解鸟儿和大自然，所以尽管去做吧！"这种激励也是促使我撰写本书的原因之一。

那么，现在就请让我从身边的鸟巢开始说起吧。

Chapter 02 房子里的奇妙鸟巢

树麻雀

学名 *Passer montanus*

英文名 Tree Sparrow

分类 雀形目雀科麻雀属

全长 约 14 厘米

巢址 人类房子的屋顶、墙壁缝隙处、巢箱等

巢材 干草、爬山虎、羽毛、纸，内巢常用细小的植物纤维和羽毛

特征 分布在日本各地的留鸟[1]，不随季节迁徙，在人类居住地附近繁衍生息，喜欢食用禾本科和蓼科植物的种子，也吃小型昆虫和蜘蛛等

实物大小的卵

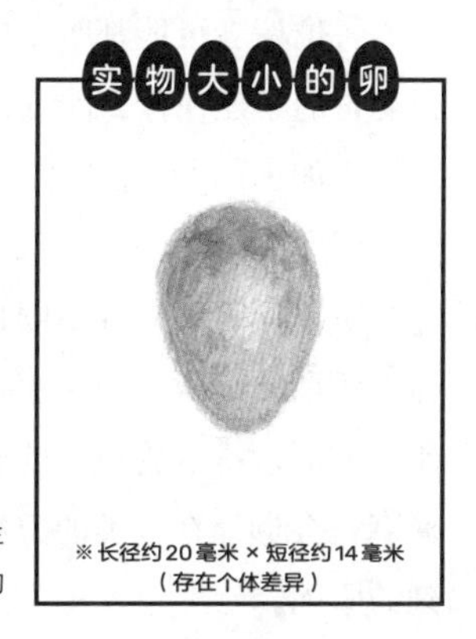

※长径约 20 毫米 × 短径约 14 毫米（存在个体差异）

1 本书为日文原版书，关于鸟类分布地点的描述以日本本土为主，但书中出现的绝大部分鸟类在中国均有分布，没有一一说明。（本书注释均为编者及译者注。）

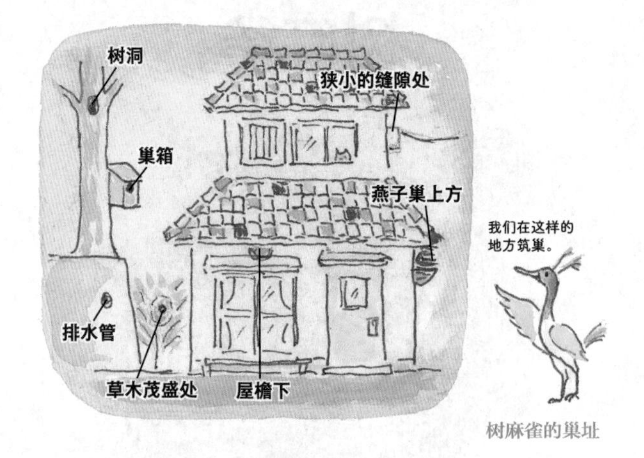

树麻雀的巢址

树麻雀巢原来就在身边

各位读者可能都听说过树麻雀，但很少有人知道树麻雀的巢建在什么地方、是什么形状的。

正如上图所示，树麻雀巢通常建在屋顶瓦片的间隙处或屋檐之下，用枯草、纸、羽毛等材料堆积而成。

所以，因为巢址不同，树麻雀巢的形状也存在差异，所谓的碗状并非普遍存在。巢箱内的树麻雀巢可能呈方形，排水管道中的则可能呈平底盘形。为什么树麻雀会选择在人类的家中筑巢呢？这其实蕴藏着深刻的原因。

树麻雀巢的悠久历史

时光回溯到南非、纳米比亚等沙漠地带的石器时代。虽然我们将树麻雀的巢一概称为树麻雀巢，可一旦深入了解，就会发现其中蕴含着一个广阔而复杂的世界，而这正是鸟巢的深奥之处。好了，让我们回到正题。

在那样的沙漠地带，有一种叫群织雀的织布鸟科小鸟。它全长大约14厘米，大小和树麻雀差不多，颜色和花纹也与树麻雀类似。

尽管身体很小，群织雀的巢却异常庞大，位居世界最大鸟巢的前两名（能与其匹敌的只有生活在澳大利亚和新几内亚热带雨林中的一种叫冢雉的鸟，其巢穴直径长达8米，高2米，庞大似一座山）。请看下页图，站在群织雀巢前

实际拍摄的群织雀巢（南非）

的是年轻时的我，这座巢全长约10米，宽约7米，厚度约3米。为什么群织雀需要筑建如此巨大的巢，这其实与周围的沙漠环境有着密切的关系。

沙漠地带的日间气温超过40摄氏度，夜间则降至零下10摄氏度以下。一般的鸟类难以在这种温差极大的环境中生存。

而群织雀就是通过筑建如此庞大的巢顺利适应了严苛的环境。实际上，这并非单独一只鸟的巢，而是类似于一座可以容纳数百只鸟居住的集体公寓。正如横截面图所示，每个“房间”都是独立的，底部就是入口。

对于这种巢来说，最重要的是巢壁。群织雀通过插入大量的干草来保持巢的形状，因此巢壁相对较

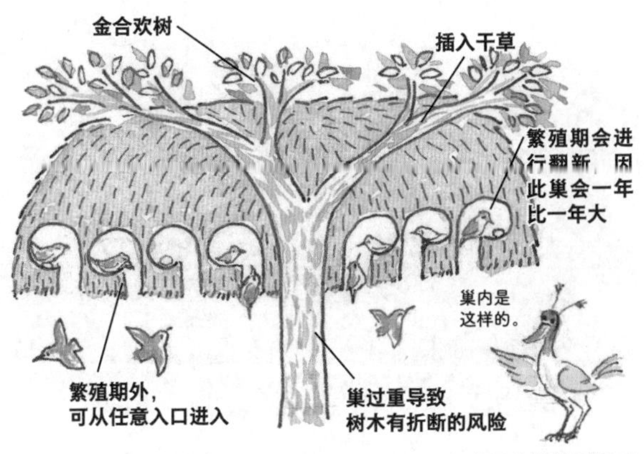

群织雀巢的横截面

厚，具有良好的隔热效果。即使在白天温度超过40摄氏度或夜晚降至零下10摄氏度时，巢内温度也能始终保持在26摄氏度左右。这并非夸张，而是日本广播协会（NHK）节目《达尔文来了！》的制作团队亲临现场测得的实际温度。

一般来说，鸟巢在雏鸟离巢后就不再使用了，这种鸟巢却属于例外。群织雀一年四季都住在巢中。白天炎热的时候，它们会在巢内或底下的树荫下休息，夜晚变冷时就进入巢内，因此能够以较少的耗能维持生活。每年一到繁殖季节，群织雀还会在巢中增建新的部分，因此随着时间的推移，巢的规模就会越来越大。照片中的群织雀巢，就需要数十年的时间才能形成。

不仅如此，群织雀巢的构造还和人类修建的茅草

屋顶十分相似。据说在数百万年前，人类还居住在洞穴之中时，曾在外出寻找食物，炎热难耐之际找到了这种巢下的树荫。树荫下凉爽宜人，人类抬头一看，发现鸟儿正在收集干草筑巢。于是人类也依葫芦画瓢，收集干草建造起了自己的家。而这也就是传说中人类房子的起源。从此，人类离开洞穴生存，从发祥地非洲大陆出发，走向了世界各地。

之后随着农耕文化的发展，人类不断提升建筑技术。相比于最早通过收集枯草搭建的简陋住所，人类逐渐学会利用木材、土壤和石材等创造更为舒适的居住空间，直至现代人类社会。

伴随着这一过程，与织布鸟科相近的雀科也将生活区域从沙漠迁移到了农耕地。人们认为树麻雀的祖先与如今分布在非洲中南部的灰头麻雀相似。

灰头麻雀会在树枝分杈处、树洞或洞穴中收集干草筑巢。随着农耕文化的传播，稻米、小麦等食物变得更易于获取，它们也跟随人类的迁徙来到地中海地区，并在冰河期后扩展了栖息地，逐渐演化成不同的麻雀亚种。

就这样，人类从鸟类那里学到了如何建造房屋，并将其传播到世界各地。雀科的鸟儿们则利用人类的住所和农耕文化拓展了自身的生存领域。在这期间，日本的树麻雀认为茅草屋顶的缝隙是足够安全的场所，所以开始在那里筑巢。即使到了后来，茅草屋顶变成了瓦屋顶，树麻雀仍然认为人类房子中没有天敌，是筑巢的最佳之选。然而，近年来由于瓦屋顶和墙壁的密封性越来越好，没有足够的缝隙用来筑巢，加之城市中可供雏鸟食用的昆虫也在减少，树麻雀的数量也就越来越少了。以上就是树麻雀巢与人类漫长生活史的密切联系，以及树麻雀巢在逐年减少的原因。

树麻雀间的领地之争

也许是由于人类住所中没有足够筑巢的缝隙，我曾在排水管道中发现了树麻雀的巢。那是三个叠放的扁平的巢，显得相当狭小和局促，让人心生怜惜。一直以来树麻雀给人的印象都是生存在人类身边的可爱小鸟，实际上，如此可爱的小鸟也存在激烈的领地争夺，也会驱赶巢箱里远东山雀的雏鸟，在燕子窝上放上稻草进而夺占，甚至将胡蜂的旧巢占为己有。在小鸟的世界里，光靠可爱是无法生存下去的。

家燕

学名 *Hirundo rustica*

英文名 House Swallow

分类 雀形目燕科燕属

全长 约 17 厘米

巢址 人类房屋的墙面等

巢材 泥土、干草、羽毛、纸，内巢铺设有羽毛

特征 一种夏候鸟，秋冬季节会在菲律宾等国家，中国台湾和马来半岛等地区越冬，到了春季则飞抵整个日本。在飞翔时会捕食蜂、蝇、虻等昆虫

实物大小的卵

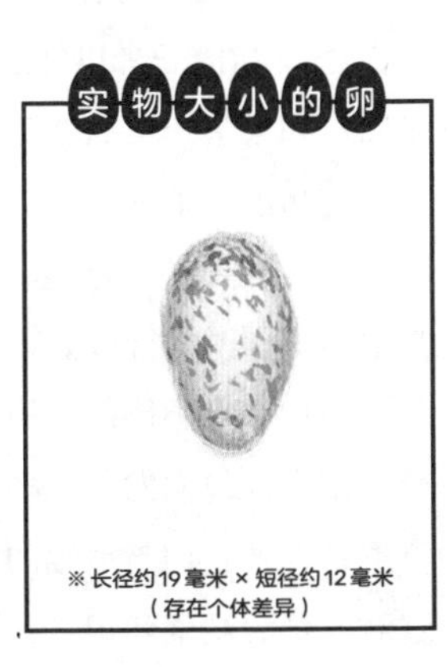

※ 长径约 19 毫米 × 短径约 12 毫米
（存在个体差异）

来自遥远的5000千米之外

与其他鸟巢不同，来自遥远的5000千米之外的家燕总是将巢建在人们常见的地方，这也是很多人都见过家燕巢的原因。其实家燕巢也和麻雀巢一样，充满神秘与不可思议之处。

众所周知，每年春季筑巢的家燕是所谓的候鸟，冬季会飞往温暖的南方国家，春季再返回日本。然而直到数世纪前，迁徙都还被视为一种神秘的行为。那时关于鸟在冬季消失的解释多种多样，比如“它们潜入了地下”“小鸟坐在大鸟的背脊上飞越海洋而来”，等等。

那么家燕究竟从何处而来呢？据说它们来自4000 ~ 5000千米以外的东南亚，在日本繁殖后会再返回。如果下一年仍然活着，它们还会回到日本。

4000 ~ 5000千米写起来很简单，但如果没有地图或导航，人类可能连马来西亚和新加坡在哪儿都不知道，更别说步行过去了。

为什么鸟类能够知道方向，对此许多鸟类学家进行了研究。他们发现鸟类天生能够通过太阳和星星的位置，以及它们与地轴的关系等来判断方向，还能通过对风景的观察和记忆，让自己在迁徙时能朝着目的地的方向飞行。

值得一提的是，家燕不仅仅生活在亚洲，南非的家燕甚至会飞去欧洲。这一距离竟然达到了10000千米！每年进行10000千米的迁徙，人类怎能不惊叹于家燕这种强大的本能。

燕来筑巢家兴旺？

家燕喜欢在人类的住处筑巢。其中的原因和麻雀一样，有一段悠久的历史。我们简单来看一下。

世界上属于燕科的鸟儿有八十多种，起初它们在悬崖和洞穴墙面的凹处筑巢。为了让巢更加稳定，它们还会在周围补充泥土。随着人类开始建造房屋，家燕发现房屋的墙面也有类似的结构，人类还能为它们提供保护，于是从安全性的角度考虑，家燕逐渐转移至人类的房屋筑巢。

人们常说“燕来筑巢家兴旺”，其实是因为家燕更喜欢在人来人往的家中筑巢。如果像我一样一家两口生活在山中，家燕大概是不会光临的。

筑巢是雌燕和雄燕合作完成的

家燕在筑巢时，由雄燕选择巢址，然后雌燕、雄燕分别搬运泥土将其粘在墙上。由于泥土中含有水分，质地柔软，所以并不能一次性完成，而是先筑半天让土晾干，第二天再继续添加，以此稳固鸟巢。泥土干燥后容易开裂，所以还需要混入干草让巢更加坚固。

由于没有铲子和桶，家燕只能通过衔泥一口一口地搬运。每一粒土都需要家燕往返一次，一天就需要

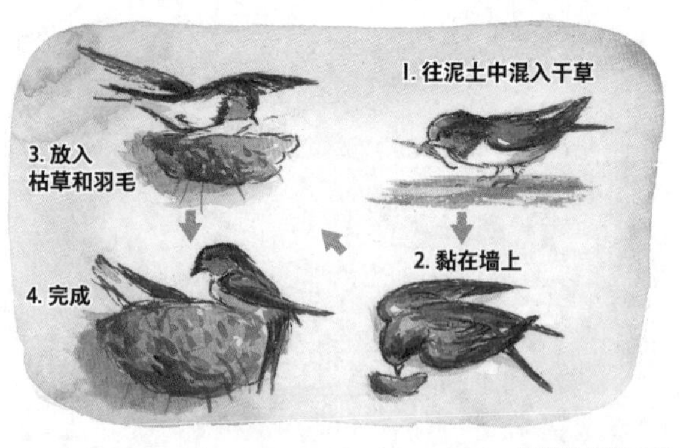

家燕的筑巢过程

往返大约三百次，如此反复八天左右，才能搭好巢的外部结构。

随后，雌燕会在巢内放入稻草、羽毛等材料，完成巢的内部装饰。产卵通常在清晨，由雌燕孵卵。喂养雏鸟的任务则由雄燕和雌燕共同承担，繁忙的时候，它们可能一天往返六百次以上。

在某次工作坊活动中，我和孩子们一起数了学校周围的鸟巢和雏鸟的数量，同时统计了鸟爸鸟妈前来喂食的次数，并由此计算出雏鸟吃掉的昆虫数量。孩子们惊讶地发现，雏鸟每天会吃掉数以万计的虫子。

金腰燕

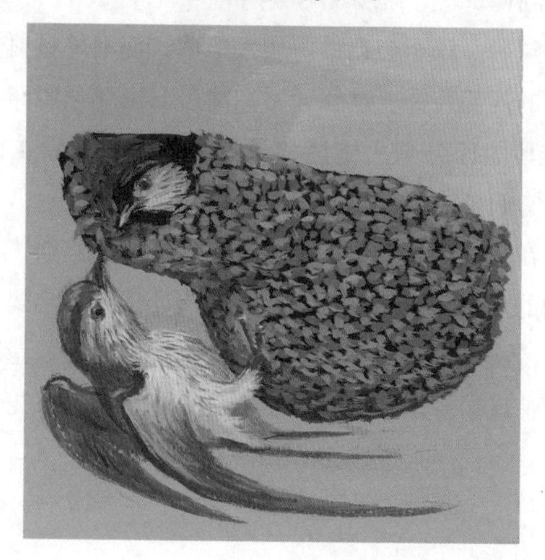

学名　*Hirundo daurica*

英文名　Red-rumped Swallow

分类　雀形目燕科燕属

全长　约 19 厘米

巢址　建筑物的墙壁、屋檐下等

巢材　干草、泥土、羽毛

特征　一种夏候鸟，会飞抵整个日本，居住在海岸线附近海拔较低的地区。比家燕稍大，飞翔时会捕食昆虫

实物大小的卵

※ 长径约 21 毫米 × 短径约 15 毫米
（存在个体差异）

形似酒壶的巢

虽然同为燕属，但金腰燕比家燕略大，腰部白色和棕色相间，很容易辨认。其巢穴的形状更是与家燕不同，就像是将酒壶纵向切半后贴在墙上和天花板之间。

我曾经在大学学过陶艺，所以在看到金腰燕的巢时，便对这种奇妙的形态感到不可思议。究竟是如何以这样的形状附着在天花板上的呢?

简单来说，就是将巢筑在天花板附近，然后延长它的进出口，这样就会形成酒壶的形状。如果靠近仔细观察，还可以看到5毫米大小的土粒整齐排列。这是由于金腰燕在运输泥土时，需要将从地面收集的泥土叼在嘴里，一次只能运输一粒，然后再将每粒土块耐心地粘在一起。每一粒土块的组合形成微妙的颜色差异，从而呈现出美丽的图案。大致估算下来，它们应该至少往返了三千次，真是一项不可思议的工程。

与家燕相比，金腰燕的巢在下方承受了更多重量。因此为了防止掉落，也需要比家燕的巢建造得更牢固。实际上，由于粘得太紧，我在采集金腰燕巢时甚至使用了电锯。

一般来说，金腰燕会在用于产卵的内巢里铺上干草和羽毛。如果你发现从进出口伸出了细长的干草，那可能是麻雀借用了金腰燕的巢并往里放入了干草，导致其中一部分干草从进出口伸了出来。

在日本繁殖的其他燕子的巢

一共有五种燕子在日本繁殖，分别是家燕、金腰燕、岩燕、洋燕和崖沙燕。虽然它们都是衔泥筑巢，但岩燕的巢比金腰燕的更接近于球体，洋燕的巢则是向上堆叠，大概是各自根据环境的不同而略微改变了巢的形状。还有一种鸟叫小白腰雨燕，同样名字中带有“燕”，同样在日本繁殖，但其不属于燕科而是雨燕科，巢也有别于燕子巢，是一种用唾液将植物的茎和羽毛粘连而成的半球体。

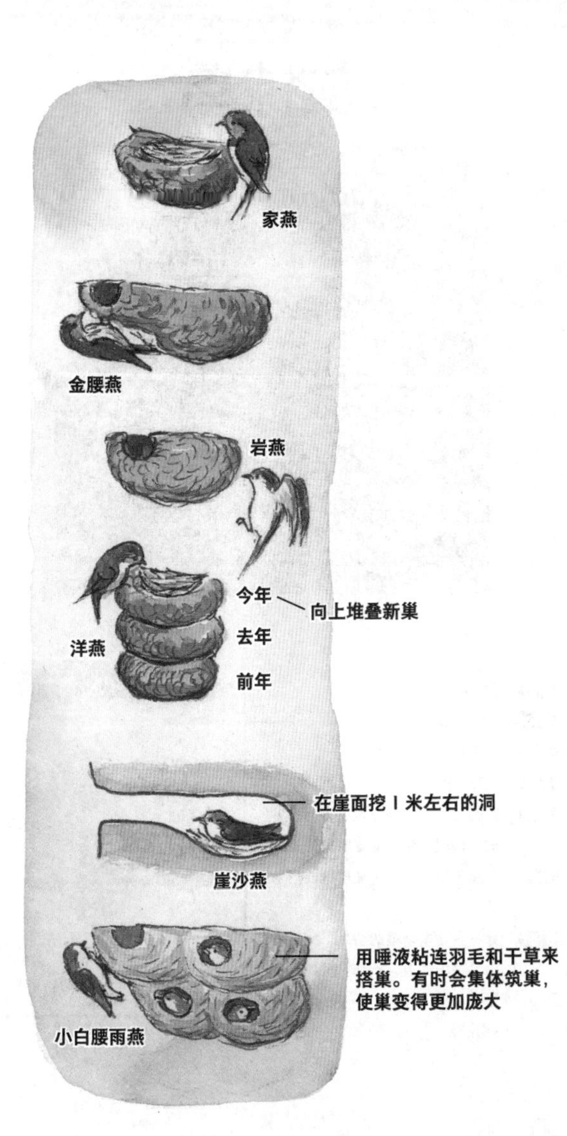
家燕
金腰燕
岩燕
今年
向上堆叠新巢
去年
洋燕
前年
在崖面挖 1 米左右的洞
崖沙燕
用唾液粘连羽毛和干草来
搭巢。有时会集体筑巢，
使巢变得更加庞大
小白腰雨燕

灰椋鸟

学名 *Sturnus cineraceus*

英文名 Grey Starling

分类 雀形目椋鸟科椋鸟属

全长 约 24 厘米

巢址 起初为树洞，现在也在人类房屋的屋顶层、防雨窗缝隙等处筑巢

巢材 大量干草、羽毛、玻璃纸、尼龙片等

特征 分布在日本全境的留鸟，栖息于人类住所附近，杂食动物，吃蚯蚓、昆虫、果实等

实物大小的卵

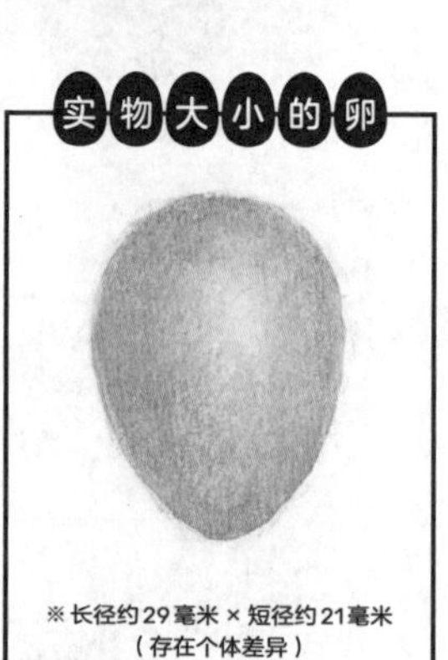

※长径约29毫米×短径约21毫米
（存在个体差异）

灰椋鸟的巢址

灰椋鸟巢的变迁

灰椋鸟原本是通过往树洞或岩石裂缝中填充枯草来筑巢的。

然而，随着人类建造房屋，灰椋鸟也开始在人类房屋的屋顶层、防雨窗的缝隙等处搭巢。相比于麻雀科的鸟儿与人类种植的稻谷共同发展，椋鸟科的鸟儿则是和稻田中的昆虫以及人类建造的果园一同发展起来的。

如果你在防雨窗的缝隙或车库的天花板上看到了伸出的枯草，那么很有可能就是灰椋鸟在打造自己的巢穴。它们每年都会在原有的基础上添加巢材重新筑巢，因此数年过去后，巢穴的体积将变得相当可观。

有一次，有人在房子的屋顶层发现了灰椋鸟的巢，希望我去帮忙取下来。我爬上去时，只见堆积了多年的枯草已经积成了一座小山。在微弱的光线中，我不禁想象着小小的生命如何在这里成长。虽然只是一堆干草，却让我产生了一种《圣经》中基督降生的牲口棚的错觉。

集体公寓和巢

车站附近的行道树上，经常聚集着大量灰椋鸟，它们的噪声和粪便引起了不少投诉。很多人认为那里就是灰椋鸟的巢，其实不然，那只是它们休息的“集体公寓”。生活在集体中，即使有敌人靠近，被攻击的概率也会降低。

还有人担心鸟儿在树枝上睡觉是否会掉下来。其实不必担心，它们的脚趾肌肉会牢牢抓紧树枝，绝对不会从树枝上摔下来。

吸引鸟类学家的灰椋鸟蛋

也许是因为喜欢集群生活，灰椋鸟在产卵时常常选择“种内寄生”，即多只雌鸟在同一个巢内产卵。由于飞翔需要鸟类保持较轻的体重，鸟儿不会让自己体内有太多的卵。一般来说，鸟儿一天之内最多只能产一个卵，所以一个鸟巢中出现了两到三个卵，那就是种内寄生。

灰椋鸟弯脚时，连接着趾尖的肌腱就会被拉扯，使脚趾自然地抓住树枝

灰椋鸟的卵会呈现出类似孔雀绿的美丽颜色。据说很多鸟类学家都在孩童时代被灰椋鸟蛋的颜色所吸引，这成为他们日后步入鸟类学领域的契机。

日本鹡鸰

学名 *Motacilla grandis*

英文名 Japanese Wagtail

分类 雀形目鹡鸰科鹡鸰属

全长 约 21 厘米

巢址 河边的石头间、人造物的缝隙中

巢材 干草、植物的根、动物的毛、棉花等

特征 几乎分布在日本全境的留鸟，栖息于河流附近，吃水生昆虫（石蝇、石蛾等）、苍蝇、蚊子等

实物大小的卵

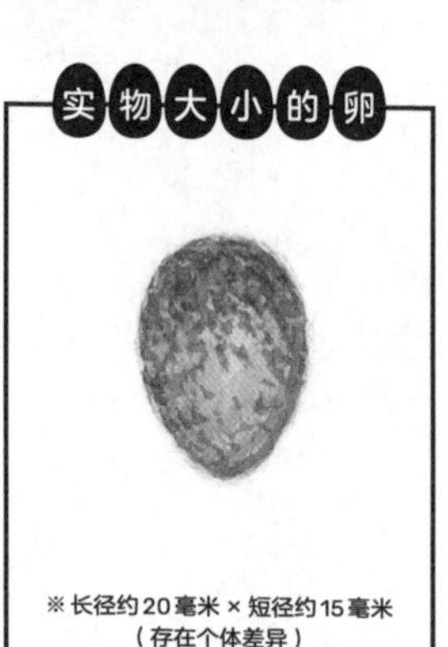

※长径约20毫米×短径约15毫米（存在个体差异）

日本鹡鸰的巢址

努力筑巢的日本鹡鸰

日本鹡鸰通常在河边的石头及树根的缝隙间、人类房屋的厨房换气扇外部、屋顶层、屋檐上，甚至是停车场里汽车的发动机舱内筑巢。

它们会收集干草搭建较为平坦的巢，越靠近巢的中心，巢材就越细致。用于产卵的内巢，就会使用动物毛等柔软的巢材。由于用小嘴能够运送的巢材有限，它们一天需要往返运送一百次以上。为了新生命诞生而进行的筑巢行为，真是一种强大的本能。

巢的大小因环境而异。我曾在山中一个公交站亭的矮檐下发现了日本鹡鸰的巢，因为空间相对宽敞，那个鸟巢约有一个大比萨那么大。

也许是生活在人类附近的缘故，如果在筑巢的过程中有人靠近或出现了其他不安定因素，它们就会立即停止筑巢行为。比起同为鹡鸰属的白鹡鸰，日本鹡鸰对人类的警惕性似乎更高。在停止筑巢后，它们又会从头开始搭新巢，并像煎鸡蛋那样将未完成的巢和新巢两三个连在一起。因为一看到巢就能想象出它们反复筑巢的样子，所以也称得上让人怜爱的鸟巢了。

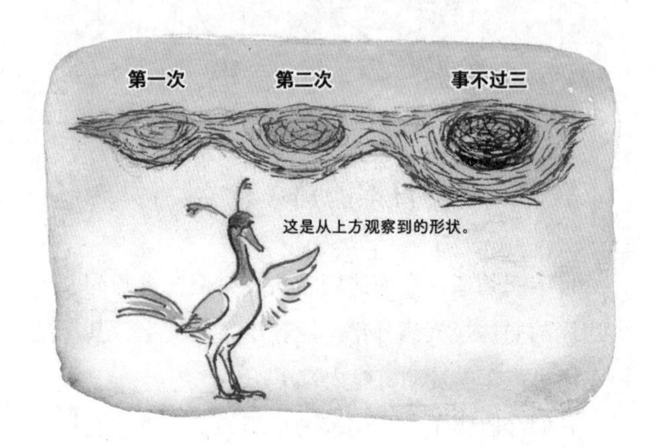

细致而又坚定的一面

任何鸟儿在建巢初期都会显得有些神经质，可一旦开始产卵和孵化雏鸟，它们就会坚定地待在巢里保护后代，不会随意离巢。如前所述，日本鹡鸰有时会在汽车的发动机舱内筑巢。如果巢内有雏鸟，即使车主毫无察觉并启动了汽车，鸟爸鸟妈也不会离开。

这是我的亲身经历。以前我家有一台挖掘机，因为要干活，几乎每天都会使用。有一天，当我打开引擎舱，突然发现里面有一个日本鹡鸰的巢。当时巢里已经没有雏鸟了，无法判断这巢是何时搭建起来，又是何时产卵和孵化雏鸟的。只能大概估算从孵卵到雏鸟离巢需要四周时间。不仅如此，世界各地都有类似的事例，也许是因为鹡鸰并不在意汽车带来的轻微震动。

例如在德国的北威州，人们曾在一辆油罐车的电池缝隙间发现了白鹡鸰的巢。即使油罐车四处移动，鸟爸鸟妈也在坚持孵卵，并趁油罐车返回至车库的时候完成一次轮替。

番外篇：海外的奇妙鸟巢①

棕灶鸟

栖息地：南美洲（巴西、阿根廷、巴拉圭等）

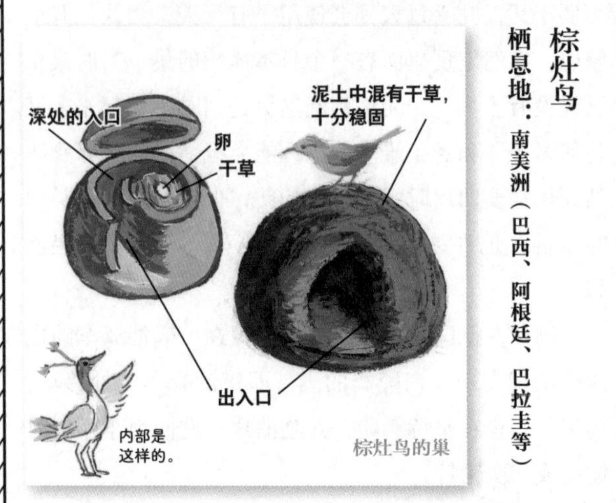

棕灶鸟的巢

正如其名所示，棕灶鸟搭建的巢形似灶台。由于真正的入口在入口深处的上方，所以从外部无法看见其真正产卵的内巢。巢材使用了混有干稻草的泥土，因此相对坚固，可以保护其免受南美浣熊等当地天敌的袭击。

南美洲曾出现一场由锥蝽传播的传染病。这种昆虫在土墙的裂缝中繁殖，并通过刺咬致人死亡。据说当时的人们为了控制疫情，效仿棕灶鸟将稻草混入土墙，于是墙壁不再裂开，锥蝽也就无法繁殖，传染病由此得到了控制。

Chapter 03 树上的奇妙鸟巢

暗绿绣眼鸟

学名 *Zosterops japonicus*

英文名 Japanese White-eye

分类 雀形目绣眼鸟科绣眼鸟属

全长 约 12 厘米

巢址 细枝的分杈处等

巢材 蜘蛛丝、细小的干草和树皮、苔藓、棕榈树毛、塑料绳和防水布等

特征 分布在日本全境的留鸟，栖息于平地和山地的森林中，以柔软的树木果实、昆虫和蜘蛛为食，也吃樱花、山茶花的花蜜等

实物大小的卵

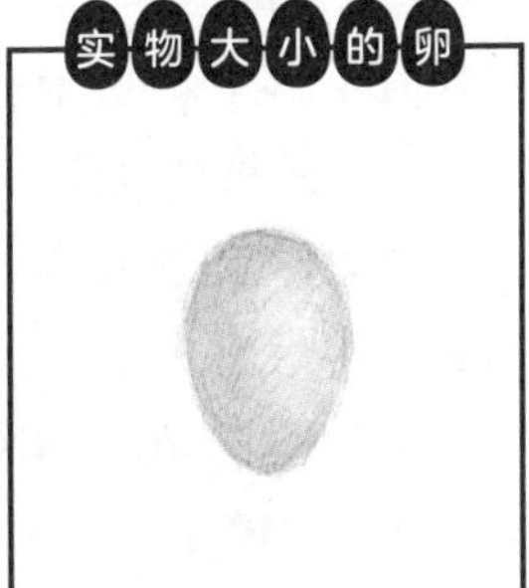

※ 长径约 17 毫米 × 短径约 12 毫米
（存在个体差异）

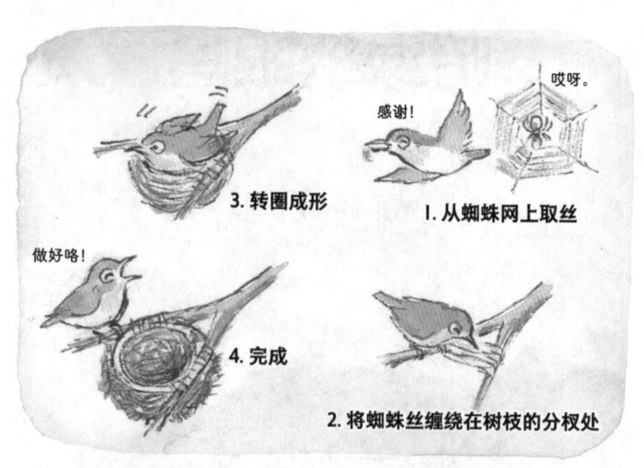

暗绿绣眼鸟的筑巢步骤

善用蜘蛛丝的暗绿绣眼鸟

暗绿绣眼鸟的巢一般位于树枝分杈处，由棕榈等植物的叶子制成，呈直径约5厘米的碗状。鸟巢外侧一般还会用蜘蛛丝粘上一层绿色的苔藓——因为树枝分杈处通常树叶茂密，覆盖苔藓可以进行很好的伪装。

至于暗绿绣眼鸟如何筑巢，首先它们会在树枝分杈处涂抹上蜘蛛丝，然后用蜘蛛丝将树枝连接起来，同时不断往那里搬运巢材，慢慢地使其成形。在不断添加巢材的过程中，它们会用细长的喙精心打磨巢的形状，使其成为一个漂亮的半球，就像在细小的枝端悬挂了一个吊床。真是难以形容的精致和可爱。

使用蜘蛛丝的原因

发现暗绿绣眼鸟会从蜘蛛网中取丝筑巢时，我非常惊讶。它们为什么会使用蜘蛛丝呢？

如果你进入树林寻找鸟巢，就会发现有些地方存在陈年的蜘蛛网，上面积聚着枯草等物，从而形成了块状。当鸟儿来到这样的地方，发现卡在蜘蛛网上的叶子适度地粘连在一起，筑巢很容易成形时，就会选择在现有的蜘蛛网上直接筑巢。随着时间的推移，鸟儿们越来越希望能在自己感觉安全的地方筑巢和产卵，于是它们不再执着于寻找有陈年蜘蛛网的地方，而是改为自己收集蜘蛛丝，并将巢材搬运至心仪的巢址，这会让它们更有安全感。

除暗绿绣眼鸟外，还有很多鸟儿也善于利用蜘蛛丝。对它们来说，蜘蛛既是食物，也是能帮它们将细小巢材稳固在一起的理想选择。

各种各样的暗绿绣眼鸟巢

另一方面，近年来城市中的暗绿绣眼鸟巢却几乎全是由塑料绳等人工材料制成的。在北部地区也有用香蒲穗做成的巢，看上去十分暖和。

有一次，我发现了一个十分神奇的暗绿绣眼鸟巢，巢的内部居然使用了人的白发。这个巢所在的树

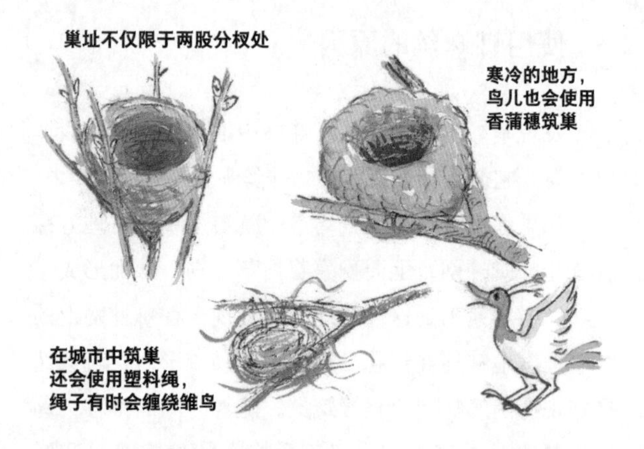

木邻近日本皇室避暑的别墅，也就是说，那些白发也许是某位皇室成员的银丝……当然这只是一种想象。通过观察鸟巢，我们也许就可以窥见周围的环境和生态，通过无限的想象感受并理解大自然的奥秘。

栗耳短脚鹎

学名 *Hypsipetes amaurotis*

英文名 Brown-eared Bulbul

分类 雀形目鹎科短脚鹎属

全长 约 28 厘米

巢址 树枝分杈处等

巢材 竹叶、爬藤植物、蕨叶、杉树和柏树的树皮、塑料绳，内巢会使用松叶和细小的爬藤等

特征 几乎遍布日本全境，北海道和北方地区的个体会在春秋迁徙到温暖的地区，栖息于杂木林，夏天主要以昆虫为食，冬天吃果实和种子，也吃花蜜和田地里的蔬菜

实物大小的卵

※ 长径约 30 毫米 × 短径约 21 毫米（存在个体差异）

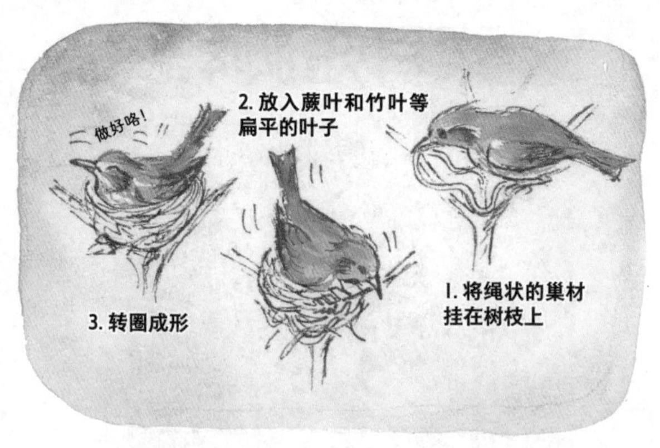

栗耳短脚鹎的筑巢步骤

使用藤蔓的巢

栗耳短脚鹎通常会在距地面2～5米高的树枝分杈点筑巢。鸟巢形似碗状，大小也如饭碗，巢材包括藤蔓、蕨类植物、杉树的叶子和扁平的竹叶等。近年来，不仅在城市，就连乡村的巢也广泛使用了塑料绳等人工材料。

为了防止细小的材料从树枝分杈处掉落，栗耳短脚鹎会先使用藤状材料作为巢的基础，然后再使用竹叶和蕨叶等面积较大的材料填补空隙，使巢更加稳固。

强制性喂食

稍微离题一下。像雏鸡那样一出生就带有羽毛的鸟被称为早成鸟；相对地，出生时羽毛还未长齐，需要更长时间才能成熟的鸟则被称为晚成鸟。栗耳短脚鹎就是一种晚成鸟。

晚成雏鸟的喙一般可以张得很大，方便父母将蜻蜓、蝴蝶、蛾的幼虫、蜘蛛、蜗牛和蝉等食物塞入其中。即使是大得有些夸张的食物，鸟爸鸟妈也能通过改变食物放置的角度，或是用喙压住不让食物出来，从而使雏鸟顺利吞咽。

虽然雏鸟以尚未成熟的形态出生，但通过父母片刻不离地悉心照料，为其提供食物并处理粪便，它们也能顺利成长为能够独立飞翔的鸟儿。这是生命的不可思议之处，而使这一切成为可能的，正是晚成鸟的巢。

翻新过的短脚鹎巢

有一天，我在山上发现了一个属于短脚鹎的废弃巢。取下来一看，发现它有一个由枯叶搭建而成的半圆形屋顶，入口设于侧面。我还是第一次见到这样的短脚鹎巢。

后来我才知道，我居住的本州中部气候温暖，睡

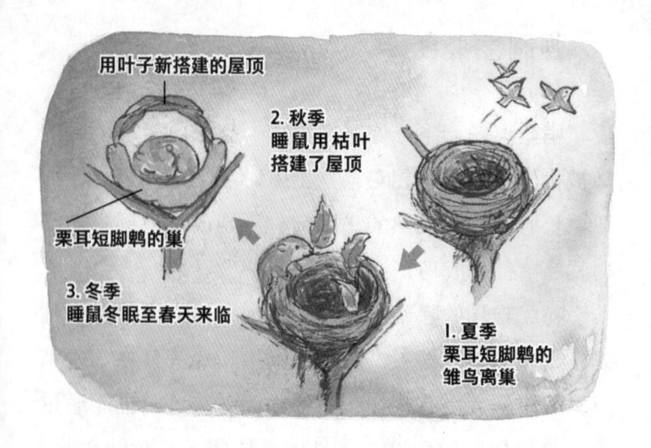

鼠会在树藤和树枝密集的地方利用枯叶搭建球形的巢，我推测很有可能就是睡鼠对短脚鹎的废弃巢进行了翻新。当我向上野动物园的工作人员确认时，对方表示“关于睡鼠的生活形态仍有许多未知之处，只能说这是有可能的”。之后，我在国外的某本书中发现了“睡鼠可能会利用鸟的废巢”的相关记述，也实际发现了在巢箱里睡觉的睡鼠。这让我感受到了大自然中各种生命相互依存而又茁壮成长的喜悦。

山斑鸠

学名 *Streptopelia orientalis*

英文名 Oriental Turtle Dove

分类 鸽形目鸠鸽科斑鸠属

全长 约 33 厘米

巢址 树林和街道绿化树的枝头等

巢材 小树枝、藤蔓，内巢使用细小树枝和根等

特征 几乎分布在日本全境，生活在北海道的为夏候鸟。常栖息于城市和杂木林，主要以植物为食，吃果实和掉落的种子，有时也捕食昆虫和蚯蚓等

实物大小的卵

※长径约32毫米×短径约26毫米（存在个体差异）

怕麻烦的鸽形目鸟

山斑鸠通常会在靠近树干的树枝上搭建扁平的盘状巢。雄鸟行走于地面拾捡巢材，然后运输给巢内的雌鸟，由雌鸟完成筑巢的任务。在大自然生态较为多样的地方，山斑鸠的巢可能由多种树枝、藤蔓和根茎构成。城市中的巢则一般只由一种树枝搭建而成。有一次别人送给我一个城市中的鸽子巢，里面竟然还有生锈的铁丝。

顺便一提，出现在公园里的鸽子通常被称为家鸽，由住在北半球的原鸽经人驯化而来，而后又逐渐野生化。这些鸽子原本在岩壁的裂缝或洞穴里类似架子的横板处收集干草和小树枝筑巢，在日本，它们也会选择在桥梁下或在公寓的阳台上搭建自己的小窝。

包括山斑鸠在内，很多鸽形目鸟的巢看上去都比较简单，所以它们常被相关人士说成怕麻烦、愚蠢的动物。然而，简单也有简单的道理，这与它们的食物有关。

鸠鸽科鸟的雏鸟不吃虫

即使是麻雀这类以谷物为主食的鸟儿，也会给自己的雏鸟投喂昆虫。原因很简单，昆虫的营养价值更高。

正是因为从卵中刚孵化出来的雏鸟需要食用的昆虫数量较多，鸟儿通常会在春季筑巢。

然而，鸠鸽科鸟不会给自己的雏鸟喂虫子。它们能直接在体内生成一种类似于“鸽奶”的富含营养的液体（鸽乳），吐出来以后再通过嘴对嘴的形式喂给雏鸟。雄鸟也能在体内生成鸽乳，所以雄鸟也能给雏鸟喂奶。

一般来说，鸟类的繁殖期在春季和夏季，因为这段时间昆虫较多。但鸠鸽科鸟能够全年育雏，据记录，有些鸟一年会繁殖六次之多。

于是它们就将重心放在了增加繁殖次数上，对于一次性使用的鸟巢不花过多心思。这也就是我们能见到的鸟巢大多是简单盘状结构的原因。

最近市面上出现了一些以“令人遗憾的×××”为名的书籍，书中的内容似乎只是为了迎合人类的傲慢，缺乏对生命最基本的尊重，我想这些书籍的出现才真是一件令人遗憾的事。大自然不怕麻烦，怕麻烦的只有人类。在大自然中，每样生命、每种形态都有其意义。

金翅雀

学名 *Chloris sinica*

英文名 Oriental Greenfinch

分类 雀形目燕雀科金翅雀属

全长 约 14 厘米

巢址 树枝的分杈处等

巢材 干草、细根、穗、树皮、羽毛，内巢会使用动物毛发、羽毛、棉花等

特征 几乎遍布日本全境的留鸟，生活在北海道和多雪地区的为夏候鸟，栖息于树林和农耕地，以禾本科、菊科、豆科植物的种子为食

实物大小的卵

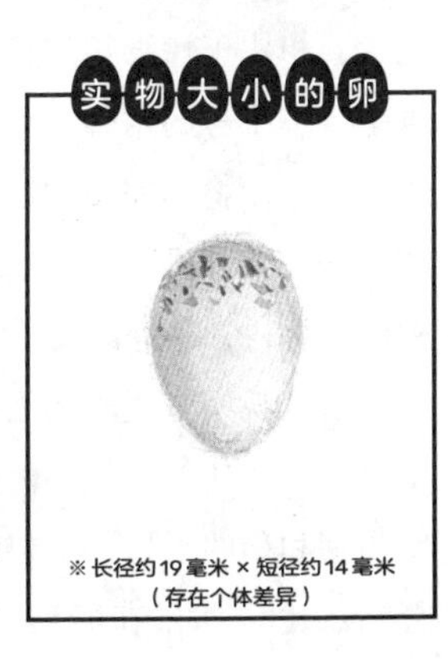

※ 长径约 19 毫米 × 短径约 14 毫米（存在个体差异）

金翅雀是寻找羽毛的专家

金翅雀是一种麻雀大小的鸟，其羽毛并没有引人注目的蓝色或红色，而是呈深绿色或褐色这类深沉的色彩。相比于短脚鹎的巢如饭碗大小，金翅雀的巢更像是一个小号的木碗。它们通常将巢建在三五根树枝的分杈处，将其完整覆盖。巢材通常使用动物毛发或羽毛——卵和刚孵化的羽毛未丰满的雏鸟，都需要这种保温材料，确保温度适宜。

通过观察这些动物毛发和羽毛，我们就能推测出鸟巢主人居住的环境。例如在城市中，它们通常使用宠物狗和猫的毛发、塑料绳。在山中则可能使用鹿或野猪的毛。如果在养鸡场附近，巢材就几乎全是鸡毛——我发现的时候简直狂喜不已。接下来将介绍的银喉长尾山雀在筑巢时也喜欢使用大量的羽毛。

这些羽毛从何而来呢？实际上，鸟儿都会定期更换羽毛，这一过程被称为“换羽”。筑巢就是利用被换下来的羽毛。当然，为了不影响飞行能力，鸟儿不会一次性更换大量羽毛，所以要像金翅雀和银喉长尾山雀这样在山中找到大量被丢弃的羽毛，至少对人类来说是一件相当困难的事。

如果能在山中漫步时捡到一根羽毛，我会十分开心。然而，如果发现旁边还有一根，接着又有一根，我的内心就会不再平静……这几乎意味着有坏事发生。我家附近有一种名为鵟的猛禽，常常袭击山斑鸠、短脚鹎、松鸦等。当然，对于金翅雀和银喉长尾山雀来说，这就是获得巢材的好机会。在自然界，一种生命的死亡也许就是另一种生命的延续。

鸟的视力

稍微离一下题，在大自然中，能够发现羽毛的鸟，视力都极好。根据鸟类学家的研究，在鸟类中，尤其是猛禽，视网膜上的视神经细胞密度能达到人类的八倍左右。

据说金雕可以辨别1千米以外的老鼠，红隼可以在180米远的地方看到2厘米长的虫子！我见过白腹蓝鹟在空中捕捉昆虫的情景，它在迅速飞翔的同时还能咬住在空中飞舞的几毫米长的虫子。这种动态视力和飞行能力真是令人惊叹。

银喉长尾山雀

学名 *Aegithalos glaucogularis*

英文名 Long-tailed Tit

分类 雀形目山雀科长尾山雀属

全长 约 14 厘米

巢址 树干的二分杈处、小树枝密集处、竹林等

巢材 蚕丝、苔藓等

特征 生活在洼地和山地树林中的留鸟，以大约二十只的数量群居生活，穿梭于树木之间，捕食树枝和叶子上的蚜虫、虫卵、幼虫、蜘蛛等，也吸食果实和树液

实物大小的卵

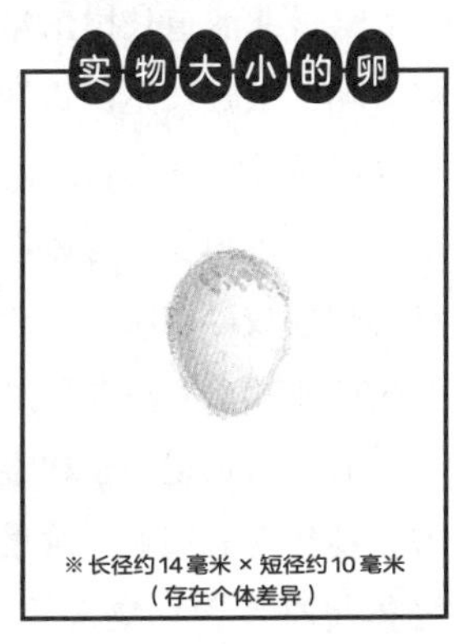

※ 长径约 14 毫米 × 短径约 10 毫米（存在个体差异）

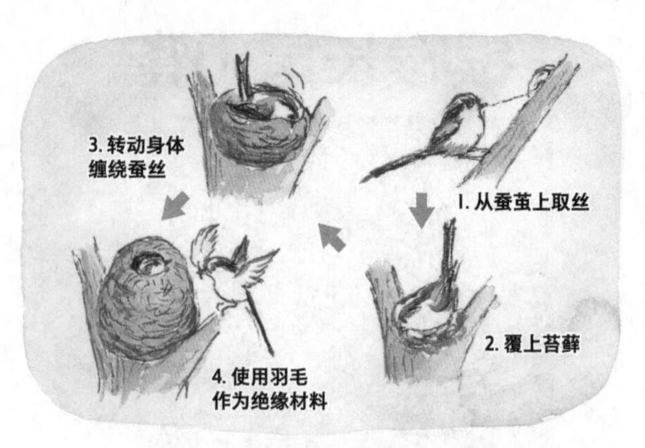

银喉长尾山雀的筑巢步骤

美丽精巧的巢

最近北海道长尾山雀人气很高，但其实，前文已经登场的银喉长尾山雀拥有几乎同样的身材比例，显得同样可爱。银喉长尾山雀全长约14厘米，正如其名所示，尾巴很长，身体很小。它们常常以大约二十只鸟的规模成群结队，一边发出“嘁嘁”的声音，一边在树枝或叶子上荡来荡去，捕食树干上的小虫。

北海道长尾山雀和银喉长尾山雀的巢穴也十分相似，精致而又美丽。筑巢时，它们会收集苔藓，转动身体将蚕丝钩在巢穴的内外两侧。它们的巢非常柔软，又能奇妙地呈现出西洋梨的形状，筑巢技艺令人叹为观止。

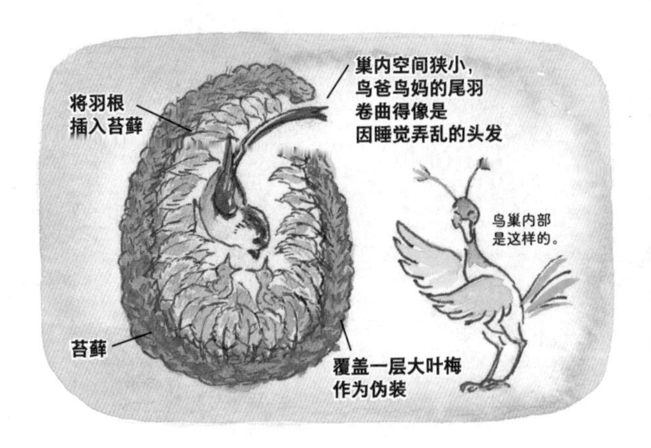

羽绒被般的巢内

银喉长尾山雀会在巢的上部留出一个横向的小圆口以便进出，然后往里放入数百片羽毛。有些巢外侧也缀有羽毛，这可能是因为筑巢时间相比其他鸟稍早，天气还较为寒冷。它们将羽根插入内巢，让雏鸟和卵在被羽毛包裹的温暖环境中成长，就像在巢内铺了一床天然的羽绒被。

一只银喉长尾山雀会一次性产下七到十二个1厘米左右的卵。刚出生的雏鸟很小，但随着时间流逝会逐渐长大，因此巢穴也会随着雏鸟的成长而变得越来越大。有些父母鸟的尾羽卷曲得像是因睡觉弄乱的头发，大概就是因为雏鸟长大导致巢内空间不足吧。

伪装成树瘤的鸟巢

见过樱花树干的朋友应该都知道，樱花树枝的分杈处会鼓起来，形成像瘤一样的凸起。银喉长尾山雀的巢穴就很像这种树瘤，有时附着在粗壮的树干上，有时则建在细枝的分杈处。巢穴表面的大叶梅（一种梅衣科真菌）还活着，呈现出明艳的白色，镶嵌在大片绿色的苔藓中，十分美丽。

我迫切地想向读者传达这种美，但从自然环境中采集的鸟巢难免会出现干枯和劣化——这是所有鸟巢都难以避免的，于是我选择用绘画的形式来呈现。起初我也尝试过摄影，但由于想展示具体的细节，想让读者感受到立体感，还想将亲鸟、雏鸟和卵一同呈现，所以最终还是选择了自己最擅长的绘画。描绘鸟巢使我感到快乐——虽然我仍认为自己尚未完全表现出鸟巢的美丽。描绘鸟巢真是道阻且长啊。

银喉长尾山雀一般在森林中筑巢，但也有人在流经住宅区的宽阔河流中的沙洲上发现了它们的巢穴。那里没有大叶梅，因此它们会使用人类丢弃的纸巾等作为筑巢的材料。虽然不及森林中的巢穴那般美丽，但仍能感受到其顽强的生命力。遗憾的是，这样费尽心思搭建起来的巢穴并非十全十美，有时会被日本锦蛇发现，遭到入侵，或被乌鸦啄破。

森林中的妖怪？

接下来的故事可能有些离题。为了让人们亲眼看到鸟巢的实物，我有时会在一些美术馆和画廊举办鸟

巢的展览。有一次,《鬼太郎》的作者水木茂老师也亲自来到现场观展。一开始是一位如水木老师笔下那般黑色湿发、眼睛明亮美丽的女性来到画廊，她自称是水木老师的秘书，然后径直参观了整个画廊。一段时间过后，水木老师本人就来了。大概是因为水木老师很忙，所以先由秘书来提前勘查展览是否值得一看。总之，水木老师非常有兴致地仔细观察了每个鸟巢，用相机拍摄了许多照片。尤其是在银喉长尾山雀的巢前，他坐下来不停地按着快门。不知是不是让他感受到了类似于森林中妖怪的氛围。

三光鸟[1]

学名 *Terpsiphone atrocaudata*

英文名 Black Paradise Flycatcher

分类 雀形目卷尾科寿带鸟属

全长 雄鸟约 45 厘米，雌鸟约 18 厘米

巢址 细枝的分杈处等

巢材 杉木和扁柏的薄树皮、棕榈、细小的枯草、树根、苔藓、大叶梅、蜘蛛丝等

特征 栖息于昏暗的阔叶林和针叶林中，飞翔的同时捕食昆虫

实物大小的卵

※长径约20毫米×短径约15毫米（存在个体差异）

1 中文学名为紫寿带鸟。

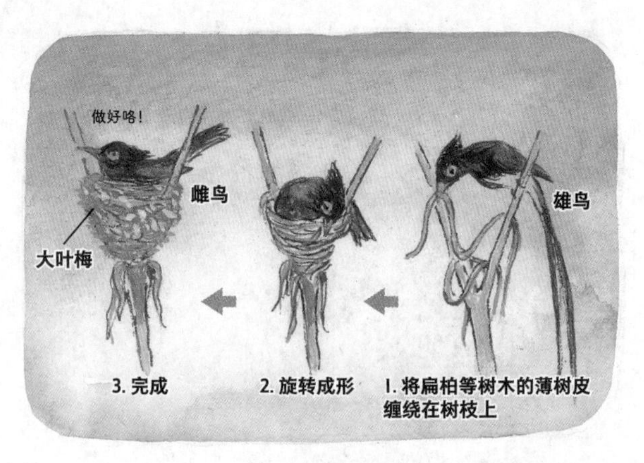

三光鸟的筑巢步骤

森林中的酒杯

三光鸟的啼鸣一旦听过就难以忘怀。因为叫声听起来很像“月、日、星”的日文发音，它也被称为三光鸟。

雄三光鸟的尾巴长达30厘米，眼周的羽毛呈天蓝色，十分美丽，是极受观鸟爱好者喜爱的鸟儿。

三光鸟原本生活在常绿阔叶林中，但在我家附近同样昏暗的针叶林中也能听到三光鸟的啼鸣，表明它们在此繁衍生息。由于三光鸟总是在昏暗的森林中飞翔，从下往上看逆光，所以虽然能听到鸣叫，却很难对其进行仔细观察。在日本，各县都会根据当地特色选定县鸟，而三光鸟正是静冈县的县鸟。

三光鸟的巢通常位于细枝的分杈处，由杉树皮和棕榈皮等薄树皮制成，呈锥形杯状，非常紧凑，形态简约而美丽。我曾经从一棵高大的杉树上采集了一个三光鸟的巢，巢的大小仅相当于一个酒杯，非常小巧。

筑巢时，三光鸟会将杉树的薄树皮等缠绕在两根分杈的树枝之间，就像将巢嵌套在其中一般，与树枝完美融合。鸟巢的结构也非常牢固，不易在风中飘散或破损。为了更好地隐藏自己，三光鸟还会在巢外侧覆盖苔藓和大叶梅等，堪称制作精良。

内巢的优美曲线

巢材的搬运通常由雄鸟和雌鸟共同完成，但筑巢的后半部分工作则由雌鸟独自负责。也许是因为雄鸟的尾羽较长，难以旋转。不仅是三光鸟，其他鸟类在筑巢时也是如此，亲鸟在巢内通过旋转来给巢穴塑形。在转动的过程中，亲鸟的凸形造就了巢的凹形，使得巢的形状与亲鸟的腹部完美契合。所以内巢，也就是巢内产卵处的曲面，呈现出非常美丽的弧形，与亲鸟的腹部融为一体，十分可爱。

雄三光鸟也会孵卵。尽管它长长的尾巴会自然而然地伸出巢外，但由于巢穴总是建于树枝的分杈处，周围空间充足，所以不会被卡住。而且孵卵时一般都会保持静止，所以尾巴不算太大的问题。三光鸟是一种候鸟，真想看它那长长的尾巴在迁徙时的模样呀，还想捡拾它在换羽时掉落的羽毛。

人类转动转轮制碗

鸟儿靠自身旋转筑碗状巢

巢的形状完美贴合鸟儿的腹部

灰山椒鸟

学名 *Pericrocotus divaricatus*

英文名 Ashy Minivet

分类 雀形目山椒鸟科山椒鸟属

全长 约 20 厘米

巢址 树枝的分杈处等

巢材 枯草、大叶梅、蜘蛛丝等，内巢使用棕榈、兽毛、狗尾草穗等

特征 栖息于平地至低山间落叶阔叶林中的夏候鸟，飞翔的同时捕食昆虫和蜘蛛等

实物大小的卵

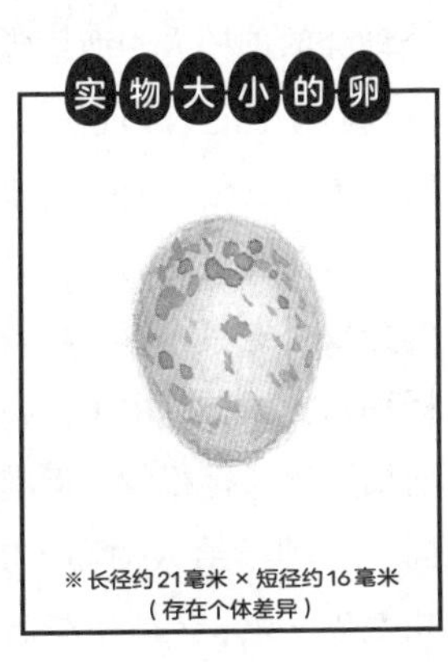

※ 长径约 21 毫米 × 短径约 16 毫米（存在个体差异）

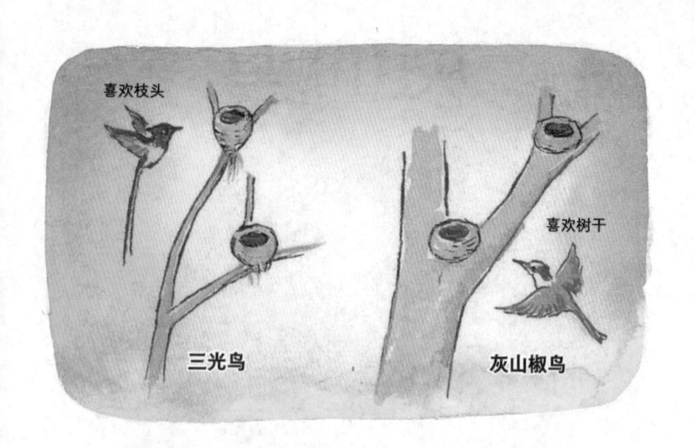

筑巢时的空间分配

灰山椒鸟在日语中的汉字写作“山椒食”，日本野鸟会的创始人中西悟堂先生在《野鸟记》中提及这种鸟时，曾这样写道：“人们认为其吃了辛辣的花椒，所以才会发出‘嘿哩嘿哩’[1]的声音。”

与前文提到的三光鸟类似，灰山椒鸟也会在树枝的分杈处筑巢。不过相较于三光鸟，它们更倾向于选择稍粗的树枝。由于都在树枝间筑巢，有人认为它们的巢应该长得很像，但其实不然。因为树枝的粗细不同，两种巢给人的印象其实差异很大，在高度上就相差3～4米。鸟儿在筑巢时，会尽量选择不同的高度，以便互相区分，避免竞争。

1　日语中是火辣辣的意思。——译者注

不同鸟儿的巢址差异

工艺品般精美的鸟巢

灰山椒鸟的巢外侧密密麻麻地覆盖着大叶梅，看上去就像一件镶满螺钿的工艺品，美得令人惊叹。值得注意的是，它的美并不源于灰山椒鸟的刻意装饰，而是为了把巢伪装成树瘤，以免自己在大自然中被发现。如果在树林中从下往上看，就会发现建于树枝分杈处的鸟巢已经与树木浑然一体，确实很难被人发现。

我家附近的树上长满了大叶梅，但我从未见过山椒鸟来此取材。大概是为了避免巢址被发现，所以鸟儿们在搬运巢材时也显得格外隐蔽。不仅是山椒鸟，世间的鸟儿都是如此。

“缠上蜘蛛丝，再一片一片地贴上大叶梅。”筑巢的手法写起来容易，但要像拼图一样填补间隙、使其完全融为一体，实际上是一项人类难以模仿的工艺。我曾尝试复刻灰山椒鸟的巢穴，用镊子将大叶梅一片片贴上去，但成品与真品仍相差甚远。而灰山椒鸟却不需要从父母、学校的老师或老师傅那里学习，天然就会用嘴完成这项工作。真是只能用“奇迹”一词来形容。

近年来，“墙面绿化”成为建筑领域的热门话题，即在建筑的外墙表面种植植物，以谋求与自然的共生。这有助于形成湿度适宜的城市空间，对净化空气、缓解压力也有一定的效果。然而，这也是一项十分有挑战性的工作。如果不精心进行施工与维护，植物就会枯萎，导致不尽如人意的结果。我们期待建筑物能像覆盖着大叶梅的灰山椒鸟巢一般美丽，但实现起来颇为困难。近来，一些建筑公司开始表达出想用鸟巢的形象来制作广告的意愿，或是邀请我为建筑师们做演讲。这种从鸟巢中汲取灵感的态度十分值得肯定，因为从根源上来说，人类的家与鸟巢都是为了给生命提供舒适宜居的空间。

大嘴乌鸦

学名 *Corvus macrorhynchos*

英文名 Jungle Crow

分类 雀形目鸦科鸦属

全长 约 57 厘米

巢址 高树上部树枝的分杈处等

巢材 枯枝、细根、枯草，内巢使用枯草、杉树皮、细小的棕榈叶、棉花、羽毛、兽毛等

特征 几乎分布在日本全境的留鸟，栖息于海边及低山带的市区、农田、杂木林等，以动物尸体、人类丢弃的残食、果实、昆虫、鸟蛋和雏鸟等为食

实物大小的卵

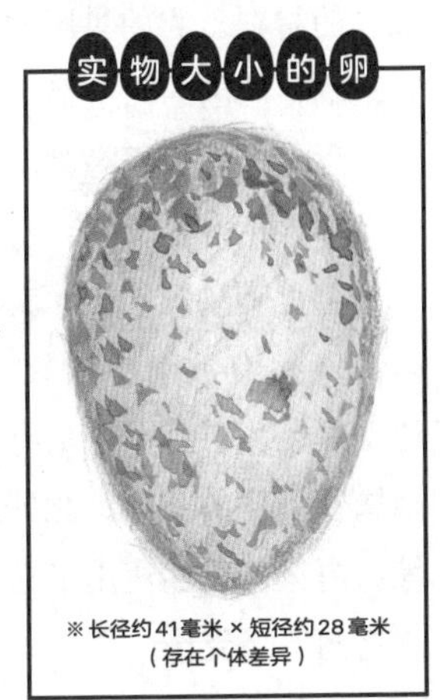

※长径约41毫米×短径约28毫米
（存在个体差异）

色彩斑斓的衣架鸟巢

大嘴乌鸦的巢穴如同洗脸盆大小，外侧由树枝、树根和枯草等构成，内巢则使用细小的棕榈叶和毛等柔软的材料。它的巢巨大而又坚固，不易损坏。当秋天来临，周围的叶子都落下时，就很容易被发现。

近年来，人们经常能见到大嘴乌鸦在筑巢时使用衣架等人工制品。有一次，居住在市区的朋友给我送来一个大嘴乌鸦的巢。我打开寄过来的箱子后，发现里面竟然有数十个衣架，白色、黄色、粉红色、蓝色、黑色，各种颜色都有，全是干洗店常用的那种细金属丝制成的衣架。此外还有晾衣夹、链条、塑料绳等。内巢则仍然使用了棕榈叶等柔软的材料，以确保雏鸟们不会受伤。

我曾在鸟巢展中将使用自然巢材的鸟巢和衣架鸟

巢放在一起展示，材质上的明显差异巧妙地象征了都市生活与乡村生活，观众无不惊叹。

最初我以为大嘴乌鸦之所以使用衣架，是因为城市中缺少树木。然而，事实并非如此。强壮而聪明的乌鸦会将衣架弯曲并缠绕在树干或电线杆上，以确保自己的巢不会掉落。

在一次去马来西亚寻找鸟巢的途中，我在机场附近的树上发现了类似的鸟巢。我爬上树试图采集，却发现鸟巢几乎全是由金属丝构成的。金属丝紧紧地缠绕在树干上，想取下来十分困难。日本的乌鸦也是如此，它们利用金属丝可以弯曲的特性构建起坚固的巢，守护着自己的卵和雏鸟。

精细筑巢的乌鸦

不仅仅是乌鸦，任何鸟儿在树上筑巢时，最重要的都是确保巢不会从树上掉下来。因此，很多鸟儿通常会将巢搭建在树枝的分杈处，就像挂在上面一样。然后将巢材交替插入分杈的树枝，利用树枝的反弹力逐渐使其固定。这听起来很简单，实际操作起来却非常困难。

通过不断地插入和组合枝条，巢基本能牢固地附着在树上，所谓的外巢就搭建好了。接下来鸟儿们会逐渐收集细枝、树皮、藤蔓和树叶等材料，进行内部的装饰。

在这个过程中，鸟儿会在巢的中央一边旋转，一边用脚踩踏或用腹部按压，让巢逐渐形成凹陷的圆形。越接近巢穴的中央，巢材也会变得越柔软，例如使用棕榈叶、棉花等。这是为了确保易碎的鸟蛋不会破裂，以及保护还没长出羽毛的雏鸟。

当人们站在地面往上看乌鸦巢时，只能看到由枝条组合而成的外部结构，所以对鸟巢的印象通常是“乱糟糟”的。然而，通过观察从外部到内部再到内巢的巢材变化，就能看出亲鸟在筑巢时的用心程度了。

正是因为它们如此精心地筑巢和养育雏鸟，所以在它们繁殖期间，如果人或其他动物靠近巢穴，很有

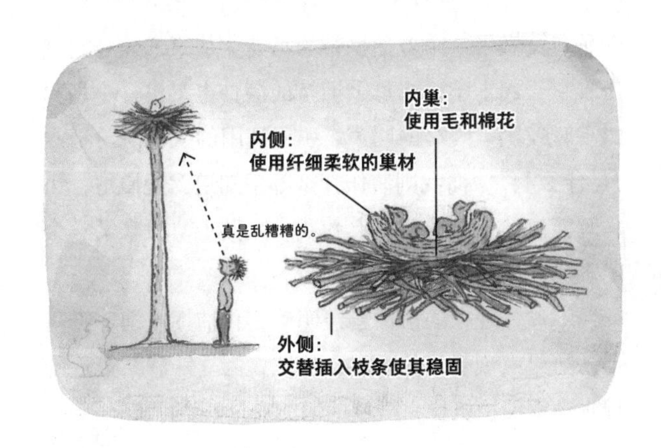

可能会遭到亲鸟的攻击，这是出于保护孩子生命的决心。所以在繁殖期，即使发现了鸟巢也最好不要靠近。

上大学时，我救过一只乌鸦的雏鸟。那天早上在去学校的途中，我在上野公园的树林里听见了奇怪的叫声。我过去看时，发现是一只小乌鸦，不知什么时候从巢里掉下来了。周围没有看到它的爸爸妈妈，也没有发现乌鸦巢。因为附近有野猫和野狗，害怕它受到伤害的我小心地将它包裹在上衣里，匆忙请假回到了住处。（像我这样的学生最终很可能会因跟不上进度而辍学。）

回到家后，我做了一个大鸟笼，然后买来树莺专用的软食投喂，看着小乌鸦高兴地扇动翅膀吃掉了食物。想着让它独自待在家里太可怜了，肚子也会饿，于是我又做了一个方便携带的鸟笼，从第二天开始便带着它一起上学。在早上拥挤的满员电车里，小乌鸦时不时发出“嘎”的叫声，引得周围的人们纷纷猜测“是什么啊”，而我则装作什么都不知道。慢慢地，小乌鸦能停留在我的肩头、和我一起散步，后来又学会了飞翔，最终飞向远处。

不过，现在的法律已经明确禁止捕捉或饲养野鸟了。如果发现受伤的野鸟，建议大家立即联系最近的野生动物保护机构，听从他们的安排。

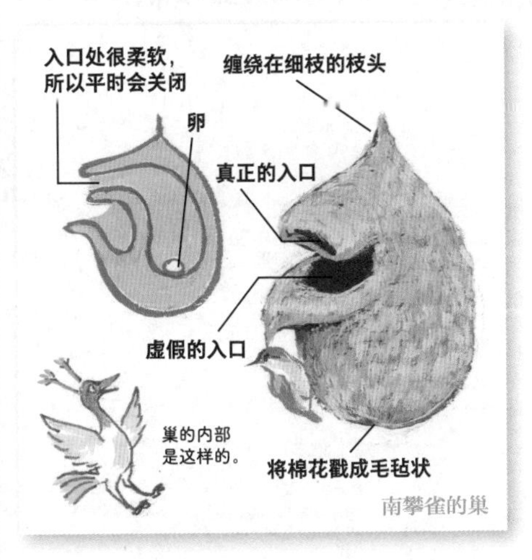

南攀雀的巢

南攀雀

栖息地·非洲西南部

南攀雀用喙将收集来的棉花（棉花树的果实裂开后从中冒出的白色毛团）戳成毛毡状，然后建成形似西洋梨的袋状巢。

巢的大开口其实是一个虚假的入口，迅速就会走到尽头。真正的入口在巢的上部类似于遮阳篷的地方，是可开合的入口。南非的沙漠地区日间气温超过40摄氏度，夜间则降至零下10摄氏度以下，极大的温差和周围居住的猴子令南攀雀的巢进化成了现在的模样。

Chapter 04 洞中和缝隙间的奇妙鸟巢

绿啄木鸟

学名 *Picus awokera*

英文名 Japanese Green Woodpecker

分类 䴕形目啄木鸟科绿啄木鸟属

全长 约 29 厘米

巢址 在直径超过 30 厘米、仍然存活的树木上挖洞筑巢

巢材 不主动搬运巢材

特征 分布在日本各地（北海道除外）的留鸟，栖息于常绿阔叶林和针叶林等杂木林中，喜欢用长舌舔食树中甲虫的幼虫，也吃昆虫、蜘蛛、蜈蚣等，有时也吃果实，或飞到地面捕食蚂蚁

实物大小的卵

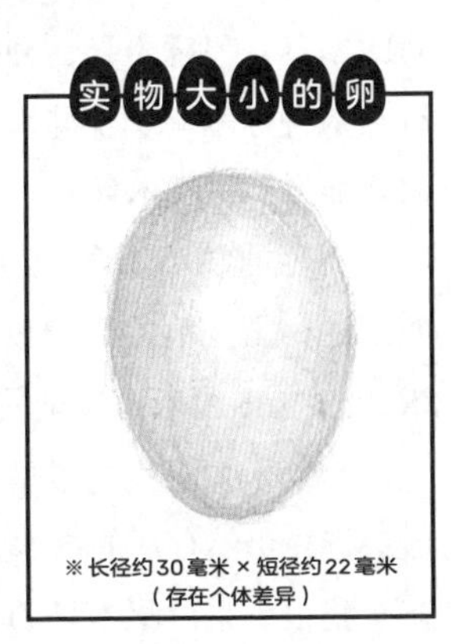

※长径约 30 毫米 × 短径约 22 毫米
（存在个体差异）

日本常见的啄木鸟

艺术品般的曲线美

“啄木鸟”是一个总称，包括了大斑啄木鸟、白背啄木鸟、黑啄木鸟、冲绳啄木鸟等很多品种。日本现存八种啄木鸟，全球则共有二百多种以上。在我家附近能看到绿啄木鸟和小星头啄木鸟。

漂亮的绿啄木鸟全身呈绿色，通常在直径超30厘米的树上挖洞筑巢。巢穴入口的直径一般约为6厘米，深约35厘米。巢址的高度则在2～5米，高度各异。相较于大多数啄木鸟在枯木上筑巢，绿啄木鸟一般会选择仍然存活的树木。

我很少采集啄木鸟的巢，因为啄木鸟挖好的树洞在之后也许会被远东山雀、杂色山雀等其他鸟儿占据，成为它们的巢穴。直到有一年，一个高尔夫球场在施工时，工人在砍伐的木材上发现了绿啄木鸟的巢，这让我终于有机会拥有了一个啄木鸟巢。我将其带到附近的锯木厂，让工人帮忙将巢剖成了两半，然后就看见了非常漂亮的巢穴横截面。

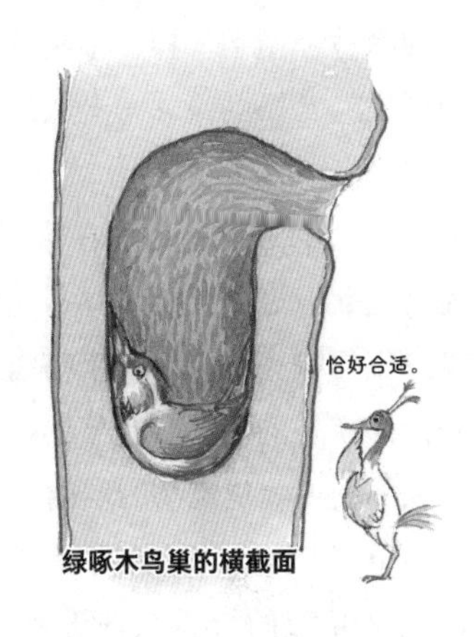

绿啄木鸟巢的横截面

大概是为了防止雨水流入，从入口处进去后，鸟儿先是向上挖掘，然后再向下延伸出一个漂亮的曲面，底部的形状则可以完美容纳它的腹部。

在存活的树木上挖出这样的洞确实需要相当大的力量。我曾尝试用雕刻刀在同样大小的木头上雕刻，却发现很难复刻。也许啄木鸟并不是一开始就有意要挖出这样的形状的，而是根据自己的感觉挖着挖着，最终形成了这个美丽的断面。

啄木鸟的啄木行为

啄木鸟用喙敲击树木的行为叫“啄木”。那么，啄木鸟为什么要啄木呢？原因主要有三个。

第一个是之前提过的筑巢。在筑巢时，啄木鸟坚硬的喙就像凿子一样，不断调整着角度挖掘树木。挖洞产生的木屑则被啄木鸟放进嘴里，再通过入口向外吐出。

第二个是雄鸟为了在繁殖季节宣示自己的领地。尤其是北海道的黑啄木鸟，这种日本体形最大的啄木鸟发出的响亮声音会“嗒嗒嗒”地在山间回荡，可能是因为空心的木材有更好的传音效果。它们有时也会在森林别墅等建筑物的墙面上钻孔。

第三个是为了食用木头中的虫子。啄木鸟会将自己满是黏液的长舌头伸进啄出的洞里，舔食蚂蚁等昆虫。

各种各样的啄木鸟巢

小星头啄木鸟的英文名为“Japanese Pygmy Woodpecker”，意为“日本迷你啄木鸟”。它全长15厘米左右，一边“哔哔”地叫着，一边在绕着树干攀爬的过程中啄击，十分可爱。因为体形很小，小星头啄木鸟的巢也比绿啄木鸟的要小，直径约为3厘米，深度在20厘米左右。

有一次，一只小星头啄木鸟在我家庭院尽头的刺楸上建了一个巢。大概是为了防止外敌靠近，所以才选择在有刺的树木上建巢。鸟巢被树刺保护着，看上去十分安全。画眉鸟的好伙伴硫黄鹀也喜欢在有刺的

刺楸上的小星头啄木鸟巢

柑橘树上筑巢，出发点和小星头啄木鸟类似，都是为了保护卵，因此选择了天敌难以靠近的地方。在北美洲、中美洲还有一种叫吉拉啄木鸟的鸟儿，专在仙人掌上筑巢。

值得一提的是，比起啄木鸟这样在树洞中筑巢的鸟儿，那些在野山间搭建碗状巢的鸟儿会更早地离巢。

筑巢的革命家

啄木鸟为什么会开始啄木呢？为了解开这个谜题，我们需要回顾一下鸟儿筑巢的历史。

在大约6600万年前，一块巨大的陨石撞击了现

在的尤卡坦半岛附近，使得鸟类的繁殖形态发生了巨大的变化。据猜测，在这次撞击后，包括恐龙在内的地球上约75%的生物都灭亡了。

从少数幸存的小型恐龙演化而来的鸟类，在这样严酷的环境中努力寻找着新的繁殖场所。例如猫头鹰和三宝鸟就倾向于在坍塌形成的洞穴或裂开的树洞中产卵，不会选择地面。犀鸟不希望入口太宽，于是开始收窄巢穴的入口。也有鸟儿觉得洞穴空间太狭窄，所以逐渐学会用啄击来扩大空间。更进一步，有些鸟儿不再寻找洞穴，而是选择在木头上挖洞，创造出适合自己体形的空间，其中就包括啄木鸟。

为了创造出适合自己体形的空间，后来又出现了通过填补巢材来控制巢穴大小的方式。值得一提的是，翠鸟并不是在树上挖洞，而是在土崖上挖洞。随后，鸟儿们逐渐离开洞穴，开始寻找其他可以筑巢的场所，例如在树枝的分杈处等同样宽阔的地方。渐渐地，树木的顶端、树枝末端等都成为巢址的选项，巢址的增加使得筑巢的方式更加多样化，也带来了鸟类数量的爆发性增长。

而啄木鸟在木头上挖洞这一开创性的举动，正标志着鸟儿开始凭借自己的行动创造产卵和孵雏的空间。

在这之后，恐龙的数量逐渐减少直至灭绝，鸟儿却通过多样化的筑巢行为繁衍至今。现存的各种各样的鸟巢不仅是对复杂环境的适应结果，也是为了守护卵和雏鸟而做出努力的产物。

从山中传来“笃笃笃”的啄木声音时，作为同样的手艺人，我的内心也会因此产生共鸣。

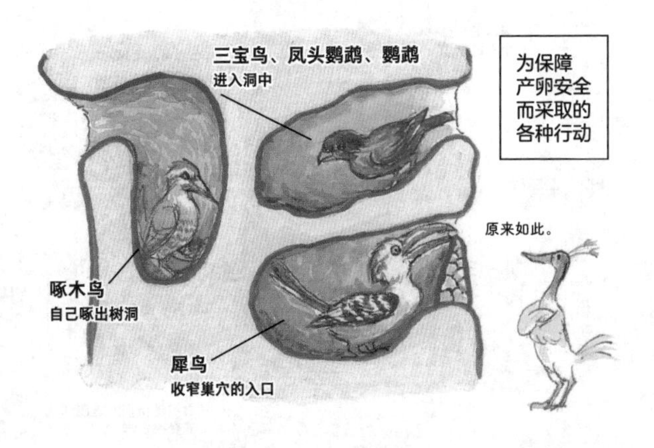

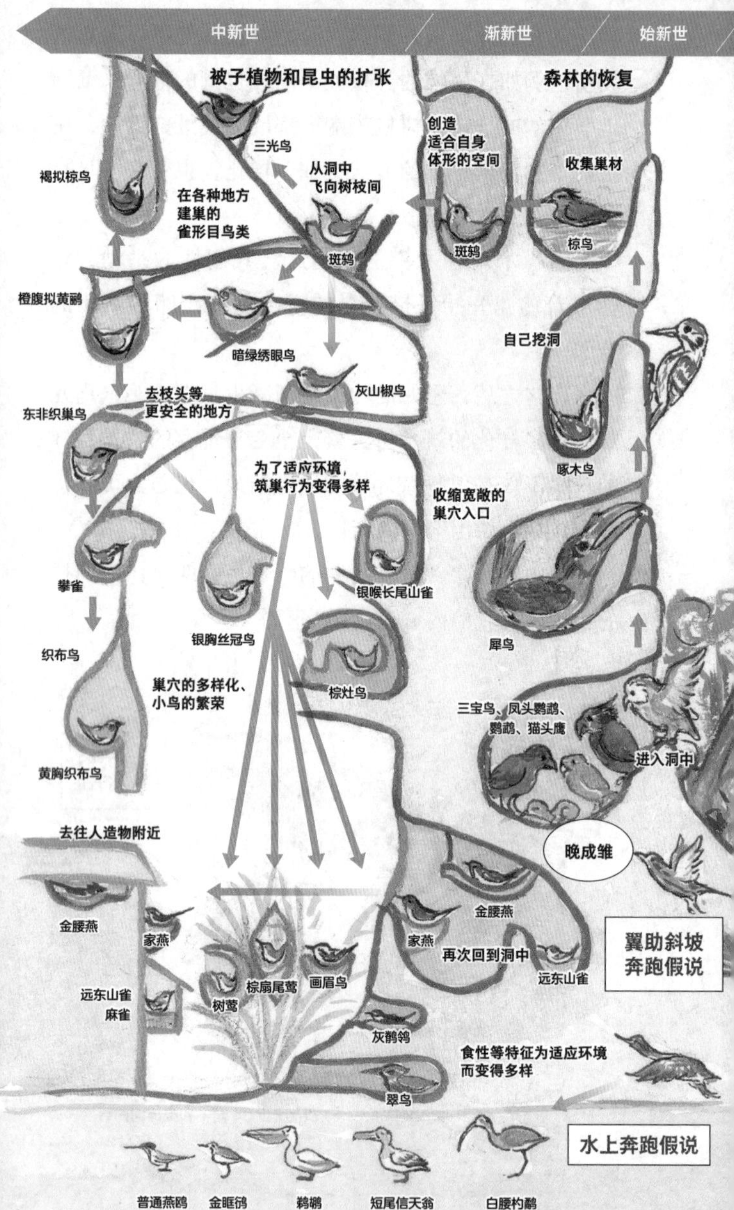
约2300万年前
约3300万年前
约5600万年前
中新世
渐新世
始新世
被子植物和昆虫的扩张
森林的恢复
三光鸟
褐拟椋鸟
从洞中
飞向树枝间
在各种地方
建巢的
雀形目鸟类
创造
适合自身
体形的空间
收集巢材
斑鸫
斑鸫
椋鸟
橙腹拟黄鹂
暗绿绣眼鸟
自己挖洞
灰山椒鸟
去枝头等
更安全的地方
东非织巢鸟
啄木鸟
为了适应环境，
筑巢行为变得多样
收缩宽敞的
巢穴入口
攀雀
银喉长尾山雀
银胸丝冠鸟
犀鸟
织布鸟
巢穴的多样化、
小鸟的繁荣
棕灶鸟
三宝鸟、凤头鹦鹉、
鹦鹉、猫头鹰
进入洞中
黄胸织布鸟
去往人造物附近
晚成雏
金腰燕
金腰燕
家燕
家燕
翼助斜坡
奔跑假说
再次回到洞中
远东山雀
棕扇尾莺
画眉鸟
远东山雀
麻雀
树莺
灰鹡鸰
食性等特征为适应环境
而变得多样
翠鸟
水上奔跑假说
普通燕鸥
金眶鸻
鹈鹕
短尾信天翁
白腰杓鹬

新生代，约6600万年前　中生代

古新世　白垩纪　侏罗纪

长尾林鸮

学名 *Strix uralensis*

英文名 Ural Owl

分类 鸮形目鸱鸮科林鸮属

全长 约 60 厘米

巢址 树洞、鹫和乌鸦等的旧巢、人类房屋的顶楼、地上的洞穴等

巢材 不主动搬运巢材

特征 分布在日本各地的夜行性留鸟，栖息于低地至亚高山带（海拔 1700 ~ 2500 米）的落叶阔叶林和针叶林中，以鼠类等小型哺乳动物及鸟类为食

实物大小的卵

※ 长径约 47 毫米 × 短径约 39 毫米
（存在个体差异）

长尾林鸮的巢址

大树树洞里的巢穴

某天傍晚，一只巨大的鸟从树林间飞过，根据剪影，我认出那是一只长尾林鸮。虽然常常在夜晚听见黑暗的山中传来“喃喃”叫声，却很少能看见它的身影。那是我第一次在尚且明亮的环境中见到长尾林鸮。

长尾林鸮通常会将大树的树洞当作自己的巢穴，有时也会利用鹫、鹰等猛禽的旧巢，或地上的洞穴、房屋的屋顶层、神社檐下和巢箱。我曾为长尾林鸮做过一个很大的巢箱，体积大约是远东山雀巢箱的三倍。但这并没有吸引长尾林鸮来使用，也许是因为绿啄木鸟在上面啄了个洞。

长尾林鸮巢穴的历史

早期的猛禽类都属于现在的鸮形目。正如前文所述，在巨大的陨石撞击地球后，大量大树折断，鸟儿无法再像之前那样轻松地在树上筑巢。

于是，一些鸟儿开始选择在折断和裂开的树洞中寻取安全的藏身之处，这也为后来鸮形目的演化奠定了基础。陨石撞击造成的尘埃遮盖了阳光，鸟儿们为了在黑暗中生存下去，逐渐演变成了夜行性动物，开始在黑暗中狩猎。

上图分别为苍鹰和长尾林鸮。它们的骨架其实十分相似，只是由于羽毛不同，才呈现出如此迥异的形象。长尾林鸮喜欢使用猛禽类的旧巢，也许就是它们同属鸮形目的缘故。

无论是啄木鸟挖洞，还是猫头鹰住在树洞中，过去人们对这类现象虽然有所认识，却从未思考过其中的原因。其实就是在巨大陨石撞击地球之后，鸟儿产生了强烈的动机，要守护自己的卵和雏鸟。

从鸟巢的角度来看鸟类的系统发育树，也许我们就能更好地理解它们各自分化的原因。包括至今未被阐明的杜鹃“托卵”行为，如果从巢的角度来看，也许就能更好地揭示这一现象背后的原因。

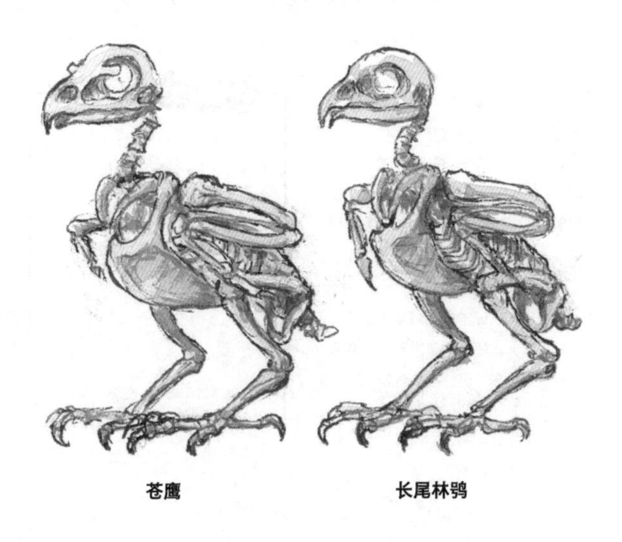

苍鹰　　　　长尾林鸮

普通翠鸟

学名 *Alcedo atthis*

英文名 Common Kingfisher

分类 佛法僧目翠鸟科翠鸟属

全长 约 17 厘米

巢址 在岸边的土崖挖掘入口直径约 5 厘米，深约 60 厘米的横洞

巢材 不使用巢材

特征 分布在日本本州各地的留鸟，栖息于北海道的普通翠鸟为夏候鸟，生活在河流、湖泊岸边，以小鱼、小龙虾、虾、蛙等为食

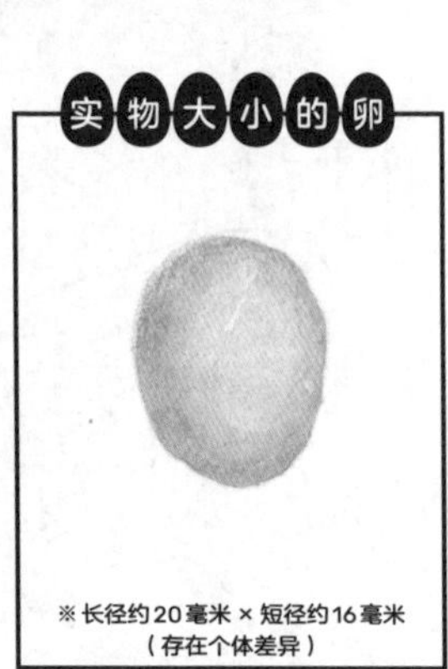

※长径约 20 毫米 × 短径约 16 毫米
（存在个体差异）

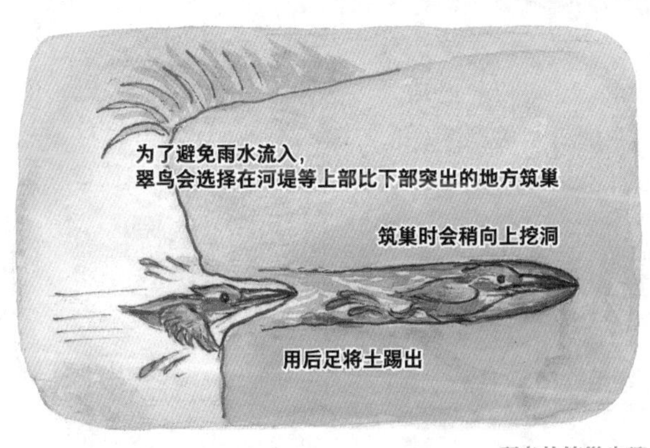

翠鸟的筑巢步骤

为何拥有巨大鸟喙

翠鸟呈翠蓝色，颜色十分美丽，是观鸟爱好者极喜欢的鸟儿之一。

前文提到，在巨大陨石撞击地球后，翠鸟开始在土崖上挖洞筑巢。为了避免雨水流入，雌鸟和雄鸟会选择在河堤等上部比下部突出的地方共同筑巢。翠鸟之所以有着和其小巧体形不符的巨大鸟喙，和其筑巢的方式不无关联。它们粗大的鸟喙像鹤嘴锄一样撞击河堤，逐渐挖出一个洞穴。

值得一提的是，鹤嘴锄的灵感源自鹤的喙。不仅如此，古人还仿照白琵鹭（英文名 White Spoonbill[1]）和交嘴雀等鸟喙的形状制作出了筷子和勺子等各式工具。

1 其中spoonbill意指“勺子形状的嘴”。

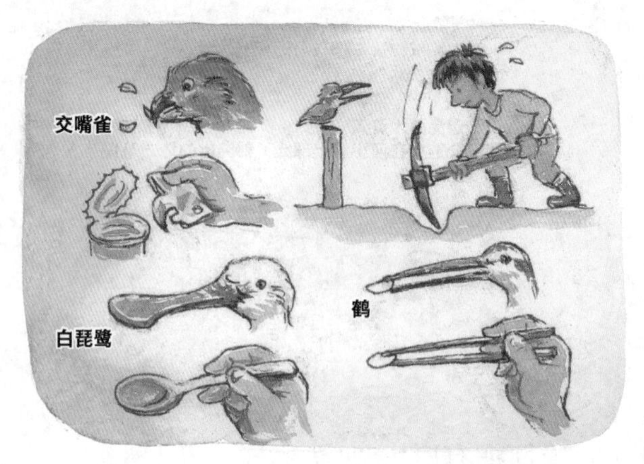

鸟喙与人的工具十分相似

艰辛的筑巢工作

为了防止外敌入侵，翠鸟的洞穴直径为5厘米左右。这是只有翠鸟自身能够通过的尺寸，并且无法转向。挖洞时，它们紧密贴在一起的三根脚趾就像一把铲子，将挖出来的土向身后铲去。

由于挖洞会让全身弄满泥土，翠鸟在挖掘过程中也会随时跳进河中洗净身体。挖到离入口50 ~ 60厘米的地方，就是产卵的内巢。为了防止水流入，内巢会稍微高一些。到了巢穴的最深处，空间也会宽敞一些，可容刚孵出来的雏鸟转身。但随着雏鸟渐渐长大，它们将无法再在巢内改变方向，只能倒退着走出巢穴，然后掉头向远处飞翔。巢穴入口是先出现鸟

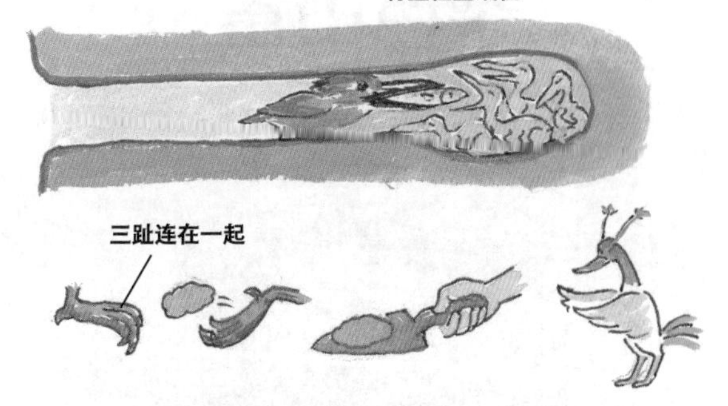

翠鸟的第二至第四根脚趾的根部紧连在一起（又称“并趾足”），像一把铲子，使其更易铲走泥土

儿的脸还是它们的尾羽，正是对雏鸟成长状况的生动反映。

为了不让捕获的鱼碰到洞壁，翠鸟在进洞时会把鱼径直咬住，保持鱼头在前，鱼尾朝向自己。值得一提的是，最近翠鸟似乎也开始在排水沟等地方筑巢了。

杂色山雀

学名 *Poecile varius*

英文名 Varied Tit

分类 雀形目山雀科山雀属

全长 约 14 厘米

巢址 树洞、啄木鸟的旧巢、毛竹内、巢箱等

巢材 大量苔藓，内巢使用动物毛等

特征 分布在日本全境的留鸟，喜欢食用栲、橡树等树木的种子，也吃蚕蛾的幼虫和蜘蛛等

实物大小的卵

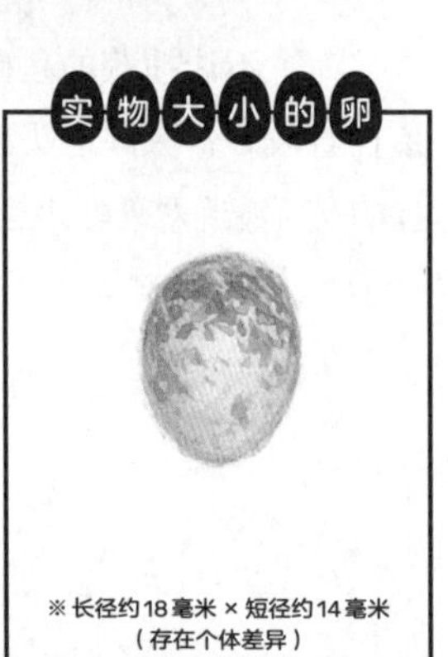

※ 长径约 18 毫米 × 短径约 14 毫米（存在个体差异）

远东山雀

学名 *Parus minor*

英文名 Japanese Tit

分类 雀形目山雀科山雀属

全长 约 14 厘米

巢址 树洞、啄木鸟的旧巢、巢箱、狭小的空间等

巢材 大量的苔藓，内巢使用动物毛和棉花等

特征 分布在日本全境的留鸟，栖息于低山坡的落叶阔叶林、针叶林及树木较多的住宅区，以昆虫的幼虫和成虫、蜘蛛、植物种子及果实等为食

实物大小的卵

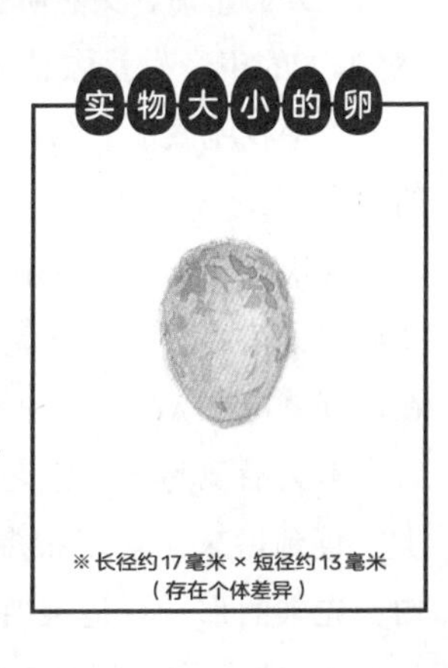

※ 长径约 17 毫米 × 短径约 13 毫米（存在个体差异）

杂色山雀与巢箱

杂色山雀和远东山雀原本都是在粗壮树木的树洞或啄木鸟啄出的洞穴里放入苔藓筑巢。但随着人类不断地砍伐树木建造房屋，鸟儿能够选择的筑巢地点越来越少。为了弥补这一过失，人类将做好的木箱安装在细长的树干上，这就是巢箱的由来。有些人可能会认为任何鸟都会进入巢箱，这其实是一个完全错误的想法。本书第三章提及的在树上筑巢的鸟类，以及第五章提到的在杂草丛中或地面上筑巢的鸟类，就绝对不会进入巢箱。

那是我搬到山中居住后的第一个冬天。有一天，我正在外面干活，突然听见树上一只杂色山雀发出了"哔哔"的声音，就像是在对我说让我给它做一个巢箱。于是我就做了一个，挂在了从家中窗户就能看到的树上。

很快就有一只杂色山雀来到了巢箱附近。它一会儿戳戳巢箱的四周，一会儿打量起巢箱的内部，似乎在检查巢箱的状况，这让一旁的我紧张不已。

不久后，另一只杂色山雀也来到了附近的树枝上。直到后来学习了很多关于鸟巢的知识，我才明白，先来的那一只是雄鸟。雄鸟似乎对巢箱很满意，停在入口处，对着树枝上的雌鸟传达了某种信息。这就像是一对在房屋中介前交流的夫妇，讨论着"这个

房子很不错”一样。

之后，两只鸟儿似乎达成了一致，开始向巢箱里放入苔藓等巢材。自那以后，每年我都会建造巢箱。我家附近生活着杂色山雀和远东山雀，它们都愿意进入巢箱繁殖，因此每年我都会制作五到七个巢箱，安装在我家周围和山中各地。

当亲鸟发现人类在观察时，它们是不会进入巢箱的。然而只要坐在车里关上车窗，鸟儿就感觉不到人类的存在了，因此我总是坐在车里观察。在搬运完苔藓之后，巢箱在一段时间内会变得很安静，这是亲鸟在孵卵。孵卵大约需要两周的时间。

一旦孵出小鸟，接下来就得喂食和处理粪便。根据英国学者的记录，远东山雀为了喂食，每天会进出巢箱多达八百次。它们嘴里叼着食物进入巢箱，再叼着粪便离开。

偶尔亲鸟也会发出非常警惕的叫声，这一般是它们发现了日本锦蛇等天敌正在靠近的缘故。巢箱里的亲鸟会经常观察下方，警戒有蛇来袭。

再后来，我有幸目睹了雏鸟离巢的场景。健康的小鸟一只接一只地从巢箱中飞出，但也有一些并不愿意出来。这时亲鸟就会像往常一样叼着食物回来，停在巢的入口。它们只是将食物给雏鸟看一眼，然后又迅速飞到附近的枝头。于是雏鸟探出了头，它们不明白为什么父母不给它们食物。亲鸟则拍动着翅膀，鼓励它们飞出巢穴。亲鸟就这样一次次地来到巢的入口炫耀食物，引诱雏鸟出巢。无法忍受饥饿的雏鸟终于离开了巢，降落在父母所在的枝头，并从父母那里获得了食物。接着，雏鸟逐渐学会跟随父母飞行，两到

三天后，它们就能和父母一起在丛林中飞翔了。

虽然巢箱内安全，但一旦受到外敌的入侵就无处可逃，只能束手就擒，等待被捕食的命运。作为父母，它们知道外面更安全，所以才会断掉喂食，尽力让雏鸟离巢。这是一种非常严苛的生存教育。在人类的世界里，父母可能会因为不忍心而给予孩子食物，孩子随之变得沉迷游戏，消极懒惰。而在自然界中，这种情况绝对不会发生。

远东山雀与巢箱

就这样，多年来我一直坚持制作巢箱。随着我越来越想知道巢箱内发生的事情，有一次，我做了一个有些特殊的巢箱。它没有背板，直接安装在了我家的窗户上。

我用胶带将它粘在二层的窗户外侧，然后在窗户内侧贴上纸，制作了一扇可以开关的小窗户。室内灯光暗淡时，就可以打开这个纸做的小窗户观察巢箱内的情景。反过来，从巢箱内则无法看清房间的内部。

就这样过了一段时间。有一天我在室内工作时，突然听见从巢箱那边传来了咚咚的声音。我小心翼翼地去看，发现鸟巢里多了一些苔藓。从那以后，苔藓每天都在增加，直到有一天，竟然出现了一个小小的像宝石一样的蛋！

第二天又多了一个……直到第七天，亲鸟开始孵卵。虽说是透过玻璃观察，但亲鸟似乎仍然察觉到了些什么。孵卵中的鸟妈妈最为警觉，察觉到危险后可能放弃孵卵，甚至放弃自己的孩子，于是我只能暂时停止观察。

直到两周后，我悄悄地透过小窗的缝隙看到了一群赤裸的小雏鸟。它们还没有长出羽毛，鸟妈妈片刻不离左右地为它们保暖。鸟爸爸叼来食物，再由鸟妈妈喂给雏鸟。

雏鸟吃完食物后，会排出一些圆形的白色物质，也就是雏鸟的粪便和尿。起初亲鸟会将其吃掉，一段时间过后就开始将它们带出巢外扔掉，因此巢内始终保持清洁。清晨时分，还能看到鸟妈妈停在巢箱入口处等待鸟爸爸归来，看上去像是饿了。

当雏鸟长出胎毛，鸟妈妈也会开始外出寻找食物。这段时间，鸟爸鸟妈都会频繁地携带食物回巢，又带着粪便飞到外面丢弃。相比雄鸟总是嗖地飞进来，又嗖地飞出去，雌鸟则会细心地清理雏鸟的屁股，进行更为细致的照料。

眼看着雏鸟的羽毛迅速生长，圆圆的眼睛也渐渐张开，呈现出了一张张可爱的脸。它们伸长脖子，将嘴张开，而鸟爸鸟妈则会往里塞入大量的昆虫——数量大到我甚至担心雏鸟会不会因此窒息。

虽然食物会在一定程度上影响雏鸟成长的速度，但一般来说，两周左右它们就会长出坚实的翅膀，然后开始在巢箱内拍打翅膀、整理羽毛，一蹦一跳地跃起来。然后在某天早上，我突然发现雏鸟全都不见了——它们已经顺利离巢。

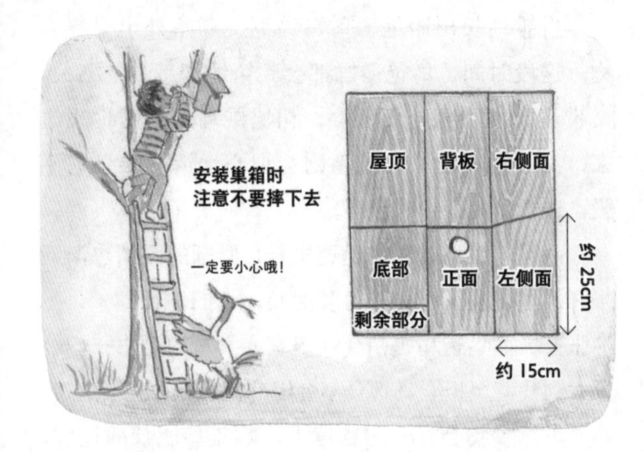

我将雏鸟离巢后的巢箱取下来，将里面的苔藓清理干净，又重新挂回了窗户外侧。远东山雀有时一年会繁殖两次，也许它们还会回来，又或者还会有别的鸟儿前来繁殖。

制作巢箱时的注意事项

既然已经讨论到了做巢箱，我想顺便提一些制作巢箱时的注意事项。

首先是巢箱入口的大小。入口太大容易遭到乌鸦等的入侵，太小鸟儿就无法进入。对于远东山雀和杂色山雀来说，入口在3厘米左右就足够了。

其次是安装巢箱的方法。安装在树上时，树木的种类并不重要。但如果树干倾斜，就要确保雨水不会从入口流入巢内。最需要注意的是安装巢箱时，务必小心别从树上摔下来。

安装好巢箱后尽量不要靠近，因为鸟儿总是会密切注意人类的行动。建议关好窗户待在室内悄悄地进行观察。

白腹蓝鹟

学名　*Cyanoptila cyanomelana*

英文名　Blue-and-white Flycatcher

分类　雀形目鹟科蓝白鹟属

全长　约 16 厘米

巢址　河边的石缝、树木根部、人造物的间隙等

巢材　苔藓，内巢使用细小的树根、苔藓的蒴柄、根菌索菌等

特征　春季从东南亚迁徙而来的夏候鸟，生活在山间溪流附近，如其英文名 flycatcher 所示，它会捕食在空中飞行的昆虫

实物大小的卵

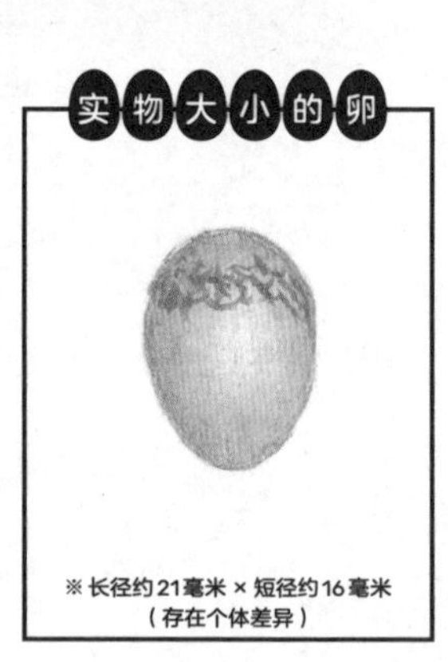

※ 长径约 21 毫米 × 短径约 16 毫米
（存在个体差异）

圆滚滚的红豆面包巢

白腹蓝鹟是一种蓝白相间的美丽鸟儿，因其啼声优美，和树莺、日本歌鸲一同被列为日本三大鸣鸟。一到春季，它们就会从东南亚迁徙而来，站在庭院树木顶端显眼的位置吟唱。每当听到白腹蓝鹟清脆的叫声，就会让人心生感叹：“啊，迁徙的季节又到了。”

白腹蓝鹟通常选择在靠近河边、覆盖着苔藓的岩石间隙或人类房屋的屋檐上筑巢。

这些巢表面覆盖着一层苔藓，内巢则使用了苔藓的蒴柄和细小的树根，就像是一块绿色的圆润面包，自然而然地融入在溪流边长满苔藓的岩石之间。这让我回想起之前在石灯笼中发现的一个巢，它同样与周边环境完美地融为一体，无比和谐。

保卫领地的雄鸟色彩鲜艳，雌鸟则低调很多，并不那么引人注目。虽然低调，但色彩仍然深沉而美丽，表情也十分温柔。在雄鸟的鸣叫声中，雌鸟孵出雏鸟。雏鸟长着茶色和黑色斑纹的羽毛，很不起眼。父母外出觅食时，它们会蜷缩在内巢一动不动，很难让人发现它们在哪里。

有一年，我和孩子玩球时，不小心把球掉进了水里。我走过去想把球捡起来，却忽然发现桥上长着一团苔藓。我拿来梯子爬上去一看，发现是白腹蓝鹟的

巢。更加神奇的是，它竟然是两个巢粘在一起的。

之前在日本鹡鸰那一节中也提到过，这很可能是因为在巢快要建好时发生了意外，导致鸟儿只能中途放弃，一段时间过后又重新筑起了新的巢。在美国一所存放着世界上最多数量鸟巢的博物馆中也有同样形状的鸟巢。任何鸟儿在筑巢初期都会显得有些神经质。

飞翔捕食的高手

孵出雏鸟之后，鸟爸鸟妈就会一起给雏鸟喂食。正如其英文名Blue-and-white Flycatcher所示，它们会在空中迅速盘旋，高效地捕食来自溪流里的羽化后的昆虫。这就是飞翔捕食——flying catch。不过，

由于雏鸟的食物主要是青虫类，所以它们也会在草丛中寻找青虫。

灰鹡鸰

学名 *Motacilla cinerea*

英文名 Gray Wagtail

分类 雀形目鹡鸰科鹡鸰属

全长 约 20 厘米

巢址 河边的石缝、人造物的间隙等

巢材 枯草、根、树皮，内巢使用动物毛、羽毛、棉花等

特征 几乎分布在日本全境的留鸟，生活在水边，在山间小溪和清流上空捕食石蝇、石蛾和其他昆虫，也会在地面行走时捕食昆虫

实物大小的卵

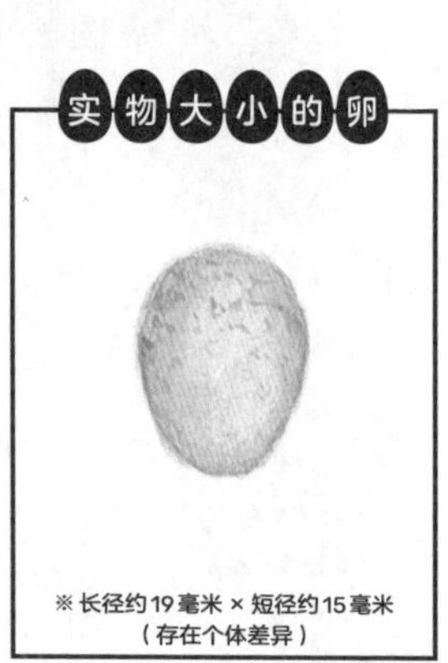

※ 长径约 19 毫米 × 短径约 15 毫米
（存在个体差异）

平坦精细的巢

灰鹡鸰也叫黄腹灰鹡鸰，正如其名所示，它最大的特点是其胸腹部的黄色羽毛。每逢春季，就能在屋顶上看见它们欢快鸣叫的身影。

灰鹡鸰通常会在河堤坍塌后可以躲雨的凹陷处，或河边树木的根部、岩石间隙筑巢。如今它们也会选择在人类房屋的屋檐缝隙或石墙的凹陷处筑巢，因此它们的巢的形状通常较为扁平。

灰鹡鸰在体形上与日本鹡鸰和白鹡鸰相似，但由于它们更加瘦小，所以巢也较小，使用的材料也更为精细。它们拾取巢材的速度很快，在地面上碎步快走收集完后就会立马飞走。巢的外侧由雄鸟雌鸟共同负责，内部则由雌鸟单独完成。巢材包括枯草和树的细根，内巢主要使用动物毛，看起来精致而又温馨。

由于它们经常在河边筑巢，雏鸟的粪便会被扔进河里，所以巢内通常十分干净。

适应环境的脚趾

也许是因为生活在水边，常在溪流的岩石上行走或捕捉飞虫，灰鹡鸰的脚趾形状与那些常停留在枝头的鸟儿有所不同。大多数鸟有四根脚趾，其中一根向后弯曲，被称为“后趾”，灰鹡鸰的后趾格外长。尽

各种各样的后趾

管溪流中的岩石很滑，它们也可以稳稳地站在岩石上拍动翅膀。

理想的巢址

过去灰鹡鸰喜欢在石墙的缝隙中筑巢，但如今石墙变少，物流仓库反而在不断增加。由于叉车搬运货物时用到的托盘通常被堆放在仓库的一角，托盘间大约10厘米的间隙就成了灰鹡鸰理想的筑巢地点。值得一提的是，雄鸟的领地意识很强，以至于会将车后视镜中的自己视为敌人并发起攻击，因此将车停在仓库中时需要注意给后视镜套上保护罩。

有一次，灰鹡鸰在我家玄关上挂着的圣诞花环与

花环中的灰鹡鸰巢

墙壁的缝隙间筑了一个巢，这让我有幸从室内观察到了灰鹡鸰振动双翅，在空中悬停的身影。这是包括灰鹡鸰在内的鹡鸰科鸟儿经常展现的飞行技巧。

黄眉姬鹟

学名 *Ficedula narcissina*

英文名 Narcissus Flycatcher

分类 雀形目鹟科姬鹟属

全长 约 14 厘米

巢址 树洞、啄木鸟的旧巢、树木裂缝、巢箱等

巢材 落叶树的枯叶、枯草、苔藓以及细根等

特征 四月左右从东南亚迁徙而来的候鸟，栖息于低山带至亚高山地带的常绿林、杂木林和针叶林中，不仅捕食昆虫，秋天也会吃果实

实物大小的卵

※ 长径约 18 毫米 × 短径约 14 毫米（存在个体差异）

森林中的胶囊旅馆

森林中的胶囊旅馆

尽管身体很小，黄眉姬鹟的啼声却能传得很远，在森林中悠远回荡，因此它们也被称作“森林中的短笛手”。它们身体的颜色由黑色和鲜艳的黄色组成，却能很好地隐藏在树叶的阴影下，加之体形小，动作又很迅速，因此很难被发现。

黄眉姬鹟的巢通常建在树洞和树木的裂缝中，巢材使用枯叶和茎，内巢会铺上一层细小的树根和动物毛。我曾在路边枯萎的毛竹上发现了一个黄眉姬鹟的巢，它大概是从竹子的裂缝钻进去的。竹子的直径恰好能容纳一只黄眉姬鹟，简直就像是它的胶囊旅馆。

我还曾在别处的毛竹上发现了杂色山雀的巢，

各种各样的黄眉姬鹟的卵

也许是圆筒形的毛竹对小鸟们来说尺寸正好合适的缘故。

神奇的卵

鸟儿的种类不同，卵的颜色和形状也存在差异。黄眉姬鹟的卵壳颜色有浅蓝色、浅绿色、浅红色，也有一些略带白色。卵壳上的花纹和斑点的颜色深度以及大小也存在个体差异。

一般来说，碗状的鸟巢如果较深，内部很暗，鸟蛋的花纹也会相应地变少。如果深度较浅，为了避免吸引注意，鸟蛋的花纹则会变大。但我也认为，鸟儿不太可能特意根据环境产下不同的卵。鸟蛋的花纹和颜色同样充满诸多不可思议之处。

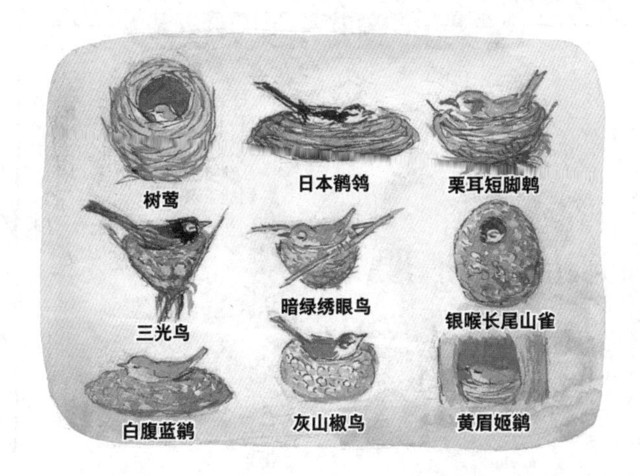

各种能让鸟儿安心的巢

不仅是黄眉姬鹟，所有鸟儿在巢中的表情都十分可爱。不知道是不是因为它们正在想象即将诞生的小生命，眼中都透着一股温柔。

对于鸟儿来说，巢永远是最安全、最舒适的地方，所以这也是理所当然的事情。像黄眉姬鹟一样将巢建在缝隙之中，会因被牢固的墙壁包围而安心。而像暗绿绣眼鸟那样将巢建在高树之上，又会因天敌无法靠近而安心。能让鸟儿产生安心感的原因各不相同，巢址、巢材、筑巢的方式自然也就各异了。

褐拟椋鸟

栖息地：中美洲（哥斯达黎加、危地马拉等）及南美洲

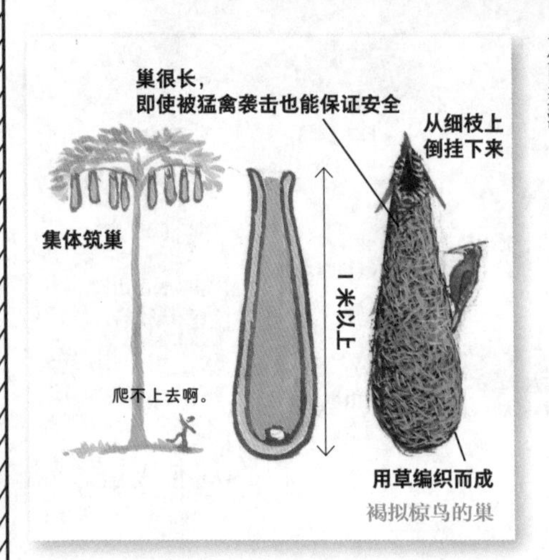

褐拟椋鸟的巢

褐拟椋鸟通常选择在猴子等动物无法靠近的高树枝头，用枯草和藤蔓等材料搭出细长的带状巢。由于是群体共同筑巢，一棵树上也许会倒挂着三五十个这样的巢。

筑巢工作主要由雌鸟负责。它们先从顶部开始逐渐将巢向下延伸，形成底部的碗状结构，然后再逐渐向上形成筒状。

巢的入口位于顶部，卵和雏鸟则位于巢的底部。这样的设计不仅使得地面上的天敌无法接近，也能避免被其他空中捕食者袭击。

Chapter 05 丛林中和地面上的奇妙鸟巢

日本树莺

学名 *Cettia diphone*

英文名 Japanese Bush Warbler

分类 雀形目莺科树莺属

全长 约 15 厘米

巢址 竹林、草丛中等

巢材 细竹叶和狗尾草叶，内巢铺设有细小的植物纤维，寒冷地区还会放入羽毛

特征 分布在日本各地的留鸟，喜欢生活在竹林和草木茂盛处，以栖息于叶子背面的昆虫为食，冬天也吃成熟的苹果和柿子

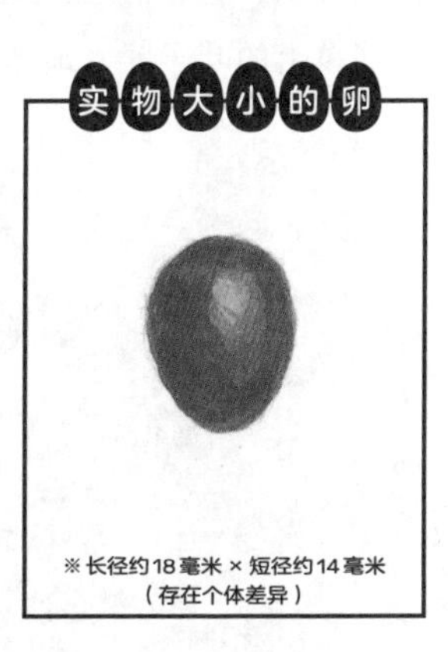

※ 长径约 18 毫米 × 短径约 14 毫米（存在个体差异）

森林中的小精灵之家
外星人的宇宙飞船

生活在日本的朋友应该都听说过树莺的叫声，但熟悉树莺巢的人寥寥无几。我在研究鸟巢之前，对树莺的巢也一无所知。

而当我第一次在丛林中发现树莺巢时，它美丽的球形结构便让我觉得自己看到了森林中的小精灵之家，或者从宇宙深处飞来的外星人的宇宙飞船。

有的树莺巢呈细长状，也有的横向扁平。有的入口宽敞，也有的入口像窥视窗般狭小。北海道的树莺巢里还铺设有羽毛。总体来说，它们都呈带有横向入口的球状，但也存在地区和个体的差异，颇有趣味。有些巢上的叶子紧密地插在一起，几乎没有间隙。有

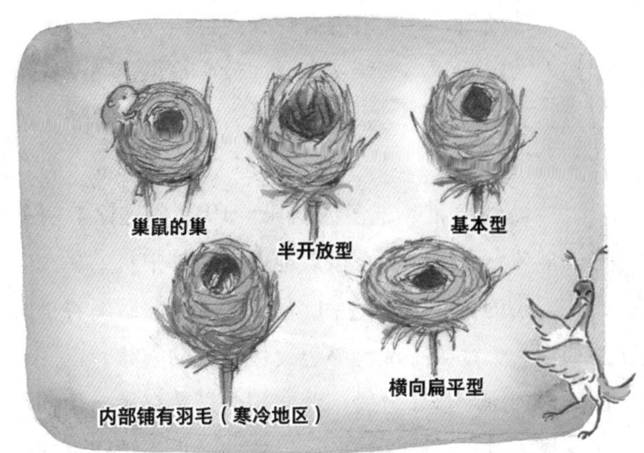

各种各样的树莺巢

些则是简单地将叶子卷在一起，还有一些甚至顶部是半开放式的。

日本树莺的筑巢工作

日本树莺常常被误认为暗绿绣眼鸟——一种常见于梅花树和樱花树上的黄绿色鸟儿，但其实日本树莺呈暗淡的棕色。暗绿绣眼鸟吸食花蜜，喜欢待在明亮开阔的地方，日本树莺则主要以栖息在叶子背面的昆虫为食，喜欢待在低矮丛生的草丛中。也正是因此，虽然大家都听过树莺的歌声，却很少有人真正见过它的身影，也很难观察到其筑巢的过程。

然而，正如前文所述，任何鸟儿在筑巢时都会变得比较神经质。一旦发现有蛇在附近出没，或出现了其他不安定因素，它们就会立即放弃筑巢，飞向别的地方。通过观察这些被遗弃的巢，我们也能逐渐了解树莺筑巢的过程。

一提到鸟巢，很多人的第一印象都是树上的鸟巢。但树莺不同，它在接近地面的丛林中筑巢。它们收集细小的竹叶和狗尾草叶，将叶子弯曲后围着自身互相交叉，逐渐形成能够包裹住自身的碗状。也许是因为对周围环境十分警惕，它们会继续在巢穴顶部盘旋着插入叶子。由于竹叶可以弯曲，巢的顶部也逐渐完成，最终呈现出球状。

树莺的筑巢步骤

为何树莺的啼声闻名于世

上文已经提过，日本大部分人都听说过树莺的啼声。为什么树莺的啼声如此有名？其实可以从它的巢中找到答案。

一般来说，鸟儿在筑巢之后就会产卵育雏。而鸣叫的时间通常从筑巢之前一直持续到雏鸟孵化后的一个月左右。树莺的情况却有所不同。它们从二月中旬就开始鸣叫，一直持续到八月下旬。

由于雏鸟需要吃大量的昆虫，大部分鸟儿都是鸟爸鸟妈共同喂食和育雏。然而，树莺的雄鸟并不参与这项工作。之前提过，树莺的巢在丛林深处，而不是高树枝头。这是因为它们的食物来源——昆虫，多数藏匿在叶子的背面，将巢搭在丛林中可以减少捕食的时间。

然而，靠近地面也就意味着受到蛇、鼬、狐狸等天敌袭击的风险增大。因此，树莺的雄鸟往往会与多只雌鸟交配，以期留下更多的后代，也就是传说中的一夫多妻。甚至有记录称在一只雄鸟的领地里发现了七只雌鸟在筑巢。我们试想一下，一只雄鸟在二月中旬开始鸣叫，在此期间与A子成为伴侣。三月来临，A子开始孵卵，雄鸟便移动位置，再度鸣叫着与B子成为伴侣。四月中旬是C子，五月是D江，六月是E美……所以在相当长的一段时间内，日本各地都能听见树莺的啼声。当然，这并不是什么好事。树莺长时间的啼鸣恰恰意味着它们受到袭击的风险很高，不得不展开激烈的生存竞争。

也许有人会想，既然如此，把巢建在更高的地方，雌鸟雄鸟共同育雏不就好了吗？但自然界的动物已经在同一环境中成功地实现了共存，这样做又会导致与其他鸟类的领地争夺与资源争夺。下一次再听到树莺的啼叫声，你也许就能更切身地想象出树莺目前的状态了——“这一次是不是和C子在一起呢？”

三道眉草鹀

学名 *Emberiza cioides*

英文名 Meadow Bunting

分类 雀形目鹀科鹀属

全长 约 17 厘米

巢址 草丛中等低处

巢材 枯草、藤蔓、细根等

特征 不随季节迁徙的留鸟，栖息于平原、河滩、森林周围的农田等开阔的地方，以植物的种子为食

实物大小的卵

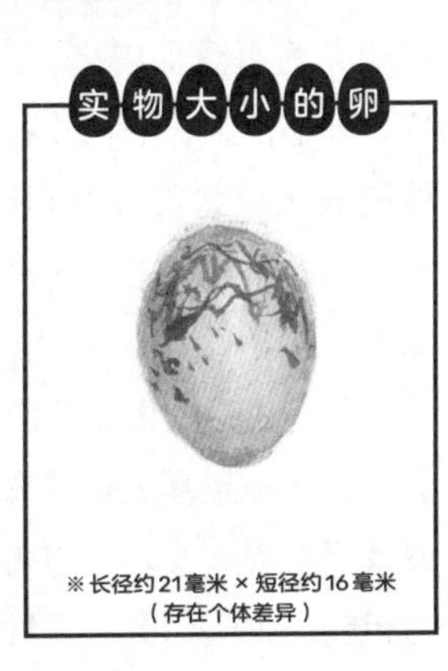

※ 长径约 21 毫米 × 短径约 16 毫米
（存在个体差异）

精心搭建的枯草巢

在日语中，三道眉草鹀叫“頬白”，因其白色的脸颊尤为可爱而得名。三道眉草鹀的巢呈典型的碗状，外部由细长的枯叶和树根构成，内巢则密密麻麻地铺满了丝状的纤维和动物毛。我第一次见到三道眉草鹀的巢时，就被其内部曲面的美感和精致程度所惊艳。

同为典型的由枯草制作的碗状巢，初见的人可能会误认为是栗耳短脚鹎或牛头伯劳的巢。然而仔细观察就会发现，栗耳短脚鹎在巢材的收集和使用上都更为粗糙，牛头伯劳对巢材的使用则密度更高。从巢址上来看，三道眉草鹀一般将巢建在接近地面的丛林中，栗耳短脚鹎喜欢在树枝分杈处，牛头伯劳则喜欢在密集的灌木丛中。为了避免冲突，它们各自选择了不同的地方。不仅如此，三种鸟在巢材的粗细、密度、数量上也有所不同。严格来说，全世界有九千多种鸟，每种鸟儿的巢都独一无二。

护巢的“拟伤”行为

即使同为三道眉草鹀，有些鸟儿会将巢建在接近地面的地方，有些则会建在郁郁葱葱的丛林深处，这是由于建巢的时间不同。在早春或初夏时节，三道眉草鹀会根据周围草木的生长情况选择不易被发现的地点筑巢。如果巢太过于靠近地面，则容易受到天敌的攻击，因此它们的雏鸟在孵化后约十一天之内就会以惊人的速度离巢。对此我有亲身体会。

有一天，我在家附近割草时，突然发现一只三道眉草鹀从路边飞出，一只翅膀拖在地上，另一只翅膀则不断上下拍动，挣扎着在地面爬行。这是一种吸引天敌远离巢穴的“拟伤”行为。一开始我以为是自己割草时没有注意到鸟巢，引起了鸟儿的误解，随即发现并非如此，因为从道路的另一边突然出现一条日本锦蛇。大概是蛇靠近了草丛中的鸟巢，所以它才假装受伤来吸引蛇的注意。除蛇之外，鼬、貂等天敌的袭击也会让鸟儿采取这种“拟伤”行动来保护巢穴里的卵和雏鸟。

一到春天，三道眉草鹀就会停留在狗尾草的茎和枝上鸣叫。早在江户时代刊行的《物类称呼》中，其叫声就因发音近似日文书信开头的敬语“一筆啓上仕り候”（敬启）而闻名。不仅如此，根据地域的不同，横滨地区称其叫声为“取って五粒二朱まけた”（童谣中的一句，意为“拿起五颗豆子，掉了两颗”），熊本地区称之为“弁慶皿持ってこい汁すわしゅ”（童谣中的一句，意为“弁庆拿着碗来快喝点汤”），大阪地区则称之为“源平つつじ白つつじ”（童谣中的一句，意为“红白杜鹃花白杜鹃花”），等等。值得一提的是，对于正在用素描画三道眉草鹀的我来说，它的叫声听起来就像是“チョッピリスケッチ、チョッピリスケッチ”（素描一下、素描一下）。

棕扇尾莺

学名 *Cisticola juncidis*

英文名 Zitting Cisticola

分类 雀形目扇尾莺科扇尾莺属

全长 约 13 厘米

巢址 禾本科植物的叶子间

巢材 禾本科植物的叶子、蜘蛛卵囊的丝，内巢使用白茅的穗

特征 栖息于日本冲绳县至秋田县一带，在冲绳县为留鸟，在本州为夏候鸟，生活在海边和河口的草原地带，以昆虫和蜘蛛等为食

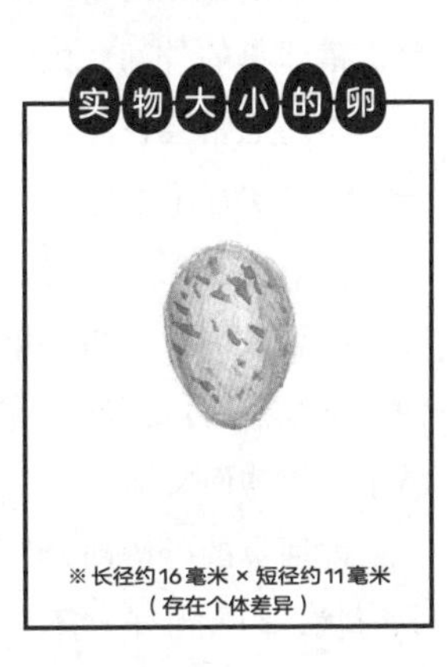

※ 长径约16毫米 × 短径约11毫米
（存在个体差异）

棕扇尾莺的筑巢步骤

棕扇尾莺是裁缝大师

棕扇尾莺和树莺一样是一夫多妻制，雄鸟往往只负责搭建巢的外部，巢的内部装饰和育雏都由雌鸟完成。雄鸟通常会在海岸和河口附近的草原上筑巢，这一过程其实很了不起。

在搭巢时，雄鸟用蜘蛛卵囊的丝将禾本科植物的叶子缝合成筒状，如果巢穴博得了雌鸟的喜爱，雌鸟便会继续进行内部的装饰，往里放入用白茅穗制成的袋子，柔软而又纤细。

说回巢的外侧部分，由于是沿着叶子的边缘缝制成筒状，因此叶子并不会凋零。就这样，被绿叶包围的巢穴完美地融入了周围的环境，让人难以发现。前文一直在说“缝制”，实际上看了就会明白，它们确实是将叶子与叶子缝在了一起。雄鸟用双脚将叶子抓来身旁，再用喙啄穿叶子，然后穿过丝线将两片叶子缝合，高超的技艺真是令人赞叹不已。更令人惊叹的是，它们还像缝制拼布般精心地隐藏了缝合线。只有在看巢的内部时，才能发现无数用丝线缝制的痕迹。

细长的喙造就了鸟儿们筑巢时的精湛技艺，棕扇尾莺正是其中的代表。

海外的裁缝鸟

在南亚和东南亚还有一种名为缝叶莺的鸟儿，与棕扇尾莺一样是裁缝大师。它们也会将叶子缝合围成外壳，再往里面放入柔软的巢材以供产卵。有时它们会将一片大叶子卷起来，或用两片叶子形成三明治状

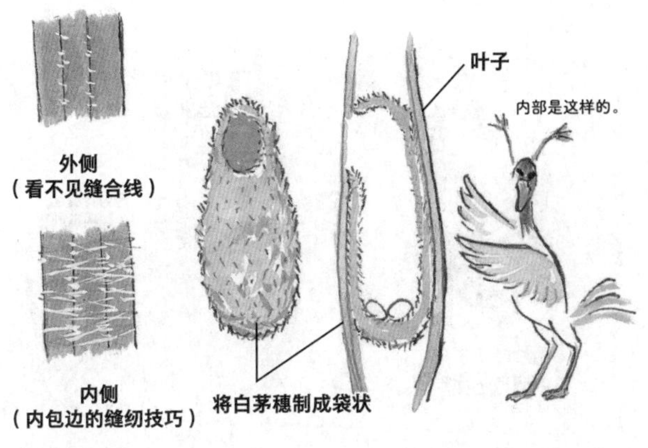

的结构。缝叶莺的英文名是Tailorbird（意为“裁缝鸟”），确实就像裁缝一样！也许是因为它们生活在猴子等动物较多的地区，如此筑巢可以更好地保护卵和雏鸟不被发现。

至于为什么缝叶莺和棕扇尾莺等鸟儿能够掌握如此精湛的技巧，目前尚未有明确的结论。但无论如何，这些巢都十分精巧是毋庸置疑的事实。

鸟喙的演化

话说回来，对于筑巢来说，鸟喙有着不可或缺的作用。在鸟儿的进化历程中，食性的改变导致了鸟喙形态的变化，这对鸟儿筑巢技术的提升和雀形目鸟类的繁荣都有重要的意义。

起初，恐龙是有牙齿的，在进化成鸟类的过程

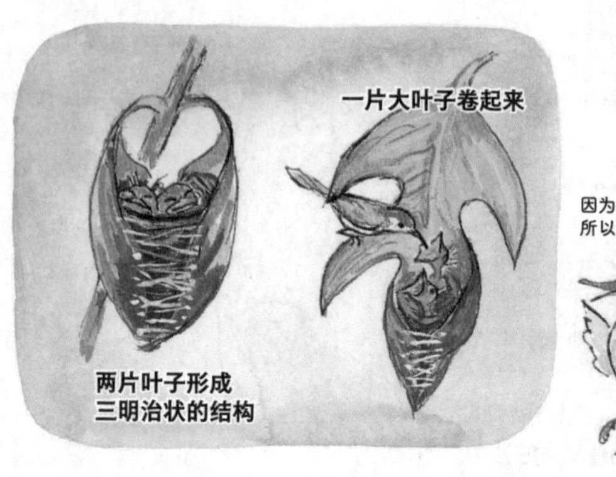

中，牙齿才逐渐消失。早期的鸟类，如鸭子等水禽类和鹰等猛禽类曾以鱼和肉为食，因此它们的喙也各式各样，有的粗，有的长。

然而，到了大约4000万年前，由于被子植物和昆虫类迅速进化，导致食虫性、食果性、食蜜性等新的生态位[1]出现。也就是说，随着果实、开花植物和小型昆虫的出现，小鸟们开始食用这些食物，鸟喙也变得更细更小。之后，随着如棕扇尾莺般缝制、编织等巢筑技术的提升，鸟巢的形态也变得多种多样，这让雀形目经历了爆炸性的适应辐射，目前数量已在五千七百种以上。

根据以往的研究，我们虽然能够知道雀形目鸟类在这个时期的数量有所增加，但增加的具体原因却一直缺乏合理的解释。无论如何，筑巢技术的多样性无疑为当前雀形目的繁荣做出了巨大的贡献。

1　生态学名词，指物种在生态系统中占据的位置及其功能。

蛇鹈：用喙
刺鱼以捕鱼

白腰杓鹬：以地下的
沙蚕或螃蟹等为食

黑尾鸥：杂食，吃
各种各样的食物

斑嘴鸭：以水中的
昆虫和水草为食

麻雀：以草的种子和
昆虫等为食

暗绿绣眼鸟：以果实、
花蜜和昆虫等为食

东方大苇莺

学名 *Acrocephalus orientalis*

英文名 Oriental Reed Warbler

分类 雀形目苇莺科苇莺属

全长 约 19 厘米

巢址 水边的芦苇地等

巢材 茎、禾本科植物的叶子、枯草等

特征 一种夏候鸟，夏季会迁徙至除北海道和冲绳外的日本各地，栖息于水边的芦苇地、河口附近的湿地和竹林中，以飞虫为食

实物大小的卵

※ 长径约 20 毫米 × 短径约 15 毫米（存在个体差异）

宛如浮在空中的巢

东方大苇莺比日本树莺略大一些，和棕扇尾莺一样在水边的草原上筑巢。

东方大苇莺的巢在设计上十分巧妙，正如其名所示，它们将枯草捆绑在生长于水中的芦苇茎上，远看，碗状巢就好像悬浮在距地面约1米高的空中。即使由于下大雨等情况水位上涨，也不会将巢淹没，外敌也很难靠近，真是一个理想的安全之所。由于芦苇茎已经被牢牢地捆绑住，巢能够稳固地悬挂在茎上，不因风吹而摇摆，也不会轻易破损。

同为苇莺科的黑眉苇莺常常被误认为东方大苇莺。江户时代中期的《百千鸟》将东方大苇莺和黑眉苇莺的区别记载为“鸣叫声大”和“鸣叫声高”。博物学

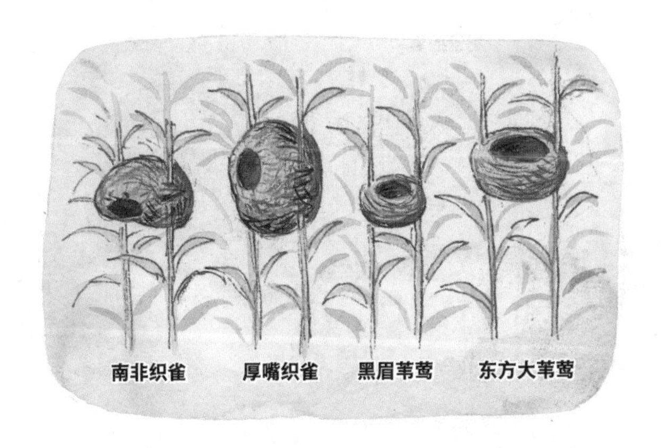

家贝原益轩在《大和本草》中称苇莺类鸟儿为“苇原雀”，并记载“小麦成熟时会发出‘咕呜咕呜’的叫声，声音嘈杂”。小麦在秋季播种，初夏时成熟。此时正是苇莺繁殖的季节，所以鸣叫。东方大苇莺和黑眉苇莺的巢形状相似，但黑眉苇莺因为体形较小，巢也相应地更小。两种巢放在一起来看就像兄妹一般，十分可爱。

生活在非洲的厚嘴织雀和东方大苇莺一样在水边生长的纸莎草等植物的茎上筑巢。它的巢呈蚕豆状，显得既滑稽又美丽。

被翻新的鸟巢

我曾在河边一只东方大苇莺的巢附近发现了树莺的巢。这并不是因为它们作为邻居关系很好，而是其

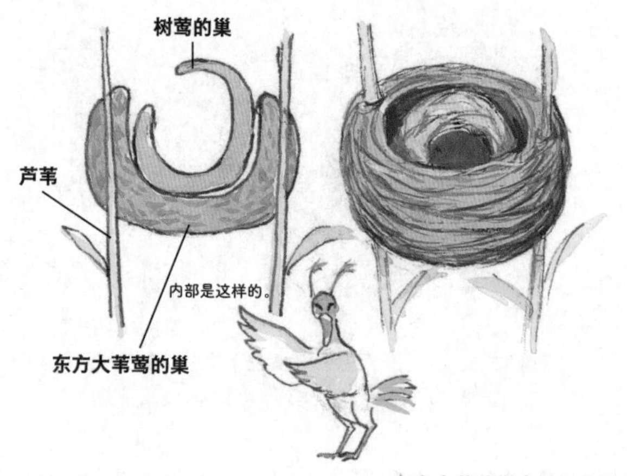

东方大苇莺巢中的树莺巢

中一方离巢后，另一方在附近筑了巢。

等到第二年再去看时，我发现只剩下东方大苇莺的巢了。我以为日本树莺可能正在筑巢，于是查看了东方大苇莺的鸟巢内部，结果发现树莺巢就在东方大苇莺的巢内。这正是最近流行的翻新房。

牛头伯劳

学名 *Lanius bucephalus*

英文名 Bull-headed Shrike

分类 雀形目伯劳科伯劳属

全长 约 20 厘米

巢址 丛林等较低的地方

巢材 树皮、枯草、藤蔓、细根等

特征 全年栖息在日本的留鸟，生活在后山的山林中，冬天会迁徙到温暖的地区，鸟喙尖，以昆虫、青蛙、蜥蜴、小鸟及其他小动物等为食，秋天会发出“吱吱”的叫声，宣示冬季的领地

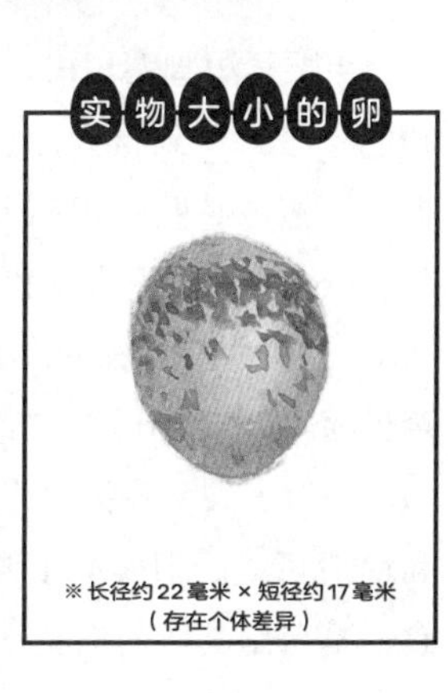

※长径约 22 毫米 × 短径约 17 毫米
（存在个体差异）

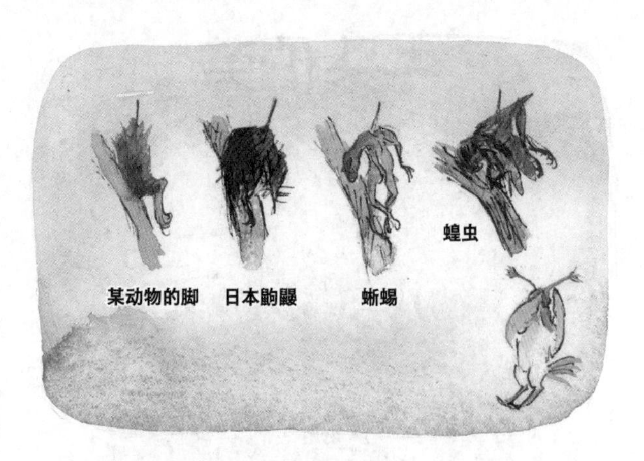

各种各样的“早赘”

牛头伯劳的“早赘”

与栗耳短脚鹎相比，牛头伯劳的头和身体都要更圆润一些。一到秋天，它们就会停留在枝头或电线上，一边“吱吱”地叫着，一边摆动尾巴，十分显眼。镰仓时代的《夫木和歌抄》中曾有一首和歌这样写道：“初秋落叶纷飞的红叶枝头上，百舌鸟[1]的振翅声也随风飘舞，让这一切更加美丽。”

乍看上去，牛头伯劳的头圆圆的，像寺庙里的小和尚般可爱。但实际上它们以其他小动物和昆虫为食，是名副其实的肉食动物，所以鸟喙弯曲呈钩状，而且十分尖锐。

1　牛头伯劳在日语中汉字写作“百舌鸟”。

有时人们能看到牛头伯劳将捕获的猎物刺在带刺的树上，这些猎物又被称为“早贽”。从姬鼠、日本鼩鼹、青蛙、日本草蜥、蝗虫等动物的残骸中能够发现，它们是被尖利的喙撕扯成碎片的。关于“早贽”的原因众说纷纭：有认为是在宣誓领地的“领地说”，有认为是忘记把食物吃完的“残余食物说”，还有认为牛头伯劳虽然鸟喙尖锐但腿较为虚弱，需要先固定住猎物再用鸟喙将其撕扯开的“固定说”，以及认为是为了应对冬季食物短缺而储备食物的“贮食说”。

《万叶集》所咏唱的筑巢行为

牛头伯劳巢的大小与栗耳短脚鹎的巢相当，但巢材更为紧密，结构更加牢固。我曾经采集过一个牛头伯劳的巢，其边缘用一层薄薄的杉树皮精心编织，可以看出父母为了保持形状的稳定花费了多少心思。内巢比栗耳短脚鹎的内巢更圆更深，应该是牛头伯劳用腹部紧紧按压，让身体完全陷入的缘故。

牛头伯劳的巢址也比栗耳短脚鹎的更低一些，通常在叶子更为密集的丛林中。《万叶集》中有这样一首和歌：“即使到了春天，百舌鸟躲在草丛中看不见了，我也会朝着你家张望。”其中提到了牛头伯劳躲在草丛中，其实这是它们为了筑巢繁殖。此时如果靠近它们的巢，就会听到“吱吱”的威吓声。

前文曾提到，牛头伯劳喜欢在树枝和电线等显眼的地方鸣叫，这又被称作“高鸣”，是为了确保冬季食物而进行的领地宣言。秋季，当人们在准备冬天用的柴火时，有时会发现劈开的木柴里有天牛幼虫。如果将它们放在易于被发现的地方，牛头伯劳就会立马飞来将其叼走。

灰胸竹鸡

学名 *Bambusicola thoracica*

英文名 Chinese Bamboo Partridge

分类 鸡形目雉科竹鸡属

全长 约 27 厘米

巢址 草木茂盛处

巢材 枯叶

特征 1919 年从中国引入的外来物种，留鸟，生活在草原、低山和农田周围的灌木丛中，以种子、果实、昆虫和蜘蛛为食

实物大小的卵

※ 长径约 31 毫米 × 短径约 25 毫米（存在个体差异）

小型恐龙的后裔

有一次，我正在山中行走，突然一只灰胸竹鸡飞了出来，呼啦啦地奔跑着，然后扑棱棱地从低空飞走了。这正是第一章中提到的小型恐龙后裔中为了避免被捕食者袭击而在灌木丛中筑巢的那类鸟儿，它们在丛林里上蹿下跳，逐渐获得了飞行能力，是翼助斜坡奔跑假说的实践者。灰胸竹鸡在丛林中奔跑跳跃的样子，让人忍不住想起小型恐龙的身影。

它们欢快地叫着“来呀，来呀”，等我靠近时，却又急匆匆地逃走了。我不禁想，既然不想别人靠近，为什么一开始又要叫呢？

早成鸟的鸟巢

某天，我偶然在丛林中发现了一个灰胸竹鸡的巢。这个巢十分简单，似乎只是收集了一些枯草用身体压了压，直径还不到15厘米。如果不是有蛋壳，我甚至不会发现这里有一个鸟巢。值得一提的是，雉科的巢几乎都是如此。

以灰胸竹鸡为代表的雉科鸟类都是早成鸟，刚孵化出来的时候就已长出了羽毛，只等身体干燥下来，就能跟在父母后面行走了。这种特性又叫“离巢性”，因为雏鸟孵化之后立马就能离巢，因此它们的巢通常都很简单。雏鸟离巢之后，旧巢就会融入周围的枯叶之中，让人难以发现。尽管各处的环境不同，但早成

灰胸竹鸡的孵化过程

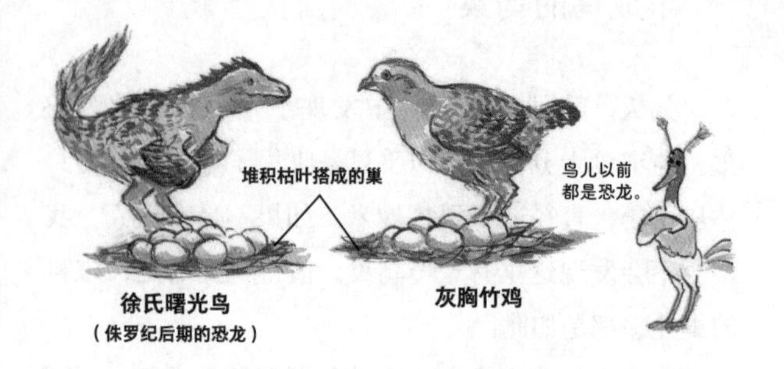

鸟的巢一般都只是为了将卵聚集在一起，防止其滚动损坏。

小型恐龙的巢恐怕也是如此。随着时间的推移，它们的巢穴也会逐渐瓦解，并与周围的地面融为一体，变得难以辨别。因此，与大型恐龙相比，小型恐龙的巢穴化石总是很难被发现，关于从恐龙到鸟的进化历程的研究也一直进展缓慢。然而，正如前文提到的，解开谜团的线索很有可能就是如今的鸟巢。现存的鸟儿与已经灭绝的恐龙之间的联系，正是通过巢穴的形式得到了体现。

黄胸织布鸟

栖息地：东南亚国家及印度、巴基斯坦等

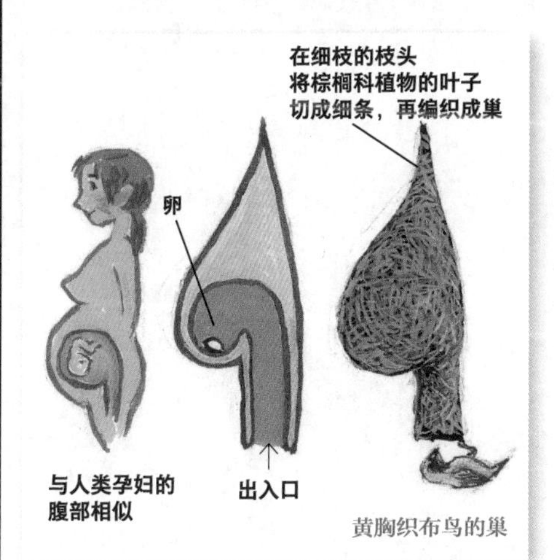

黄胸织布鸟的巢

黄胸织布鸟栖息的地方有许多擅长攀爬树木的猴子。因此，它们会在猴子难以靠近的细枝上编织被切成细条的叶子，搭建起形似篮子的巢。

这种巢并不具备鸟巢典型的外观，只是将叶子编织在一起形成可以容纳的空间，形状反倒与人类孕妇的腹部相似。是的，晚成鸟的鸟巢就好似孕育未成熟生命的子宫，又或者是袋鼠等有袋类动物的腹袋。生命真是奇妙啊。

Chapter 06 水边的奇妙鸟巢

小䴙䴘

学名 *Tachybaptus ruficollis*

英文名 Little Grebe

分类 䴙䴘目䴙䴘科小䴙䴘属

全长 约 27 厘米

巢址 水面上

巢材 芦苇等水草的茎和叶

特征 生活在日本各地的池塘和河流中的留鸟，以鱼类、昆虫和贝类等为食

实物大小的卵

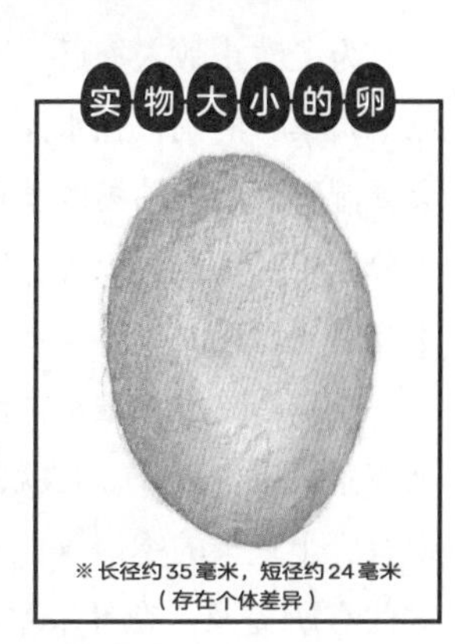

※ 长径约 35 毫米，短径约 24 毫米（存在个体差异）

利用发酵热的浮巢

为了防止敌人靠近，有些鸟儿会选择在水边的草原上筑巢。的确，在水深30 ~ 50厘米的水滨，不仅会弄湿脚，水中枯萎的茎也会阻碍行进，让移动变得十分困难。鸟儿可以飞，所以不用在意，其他生物却不会轻易靠近。

小鸊鷉是一种眼神清澈可爱的鸟儿，通常在水面上筑巢。自古以来，它就备受日本文人的喜爱，日语中有一个夏天的季语[1]叫“鸊鷉的浮巢”，许多和歌都对此有所提及。在《未木和歌抄》的第二十七卷中，顺德天皇曾咏道：“海边鸊鷉的浮巢啊，为何要依赖

1 季语指日本和歌及俳句中要求必须出现的表示季节的词语。

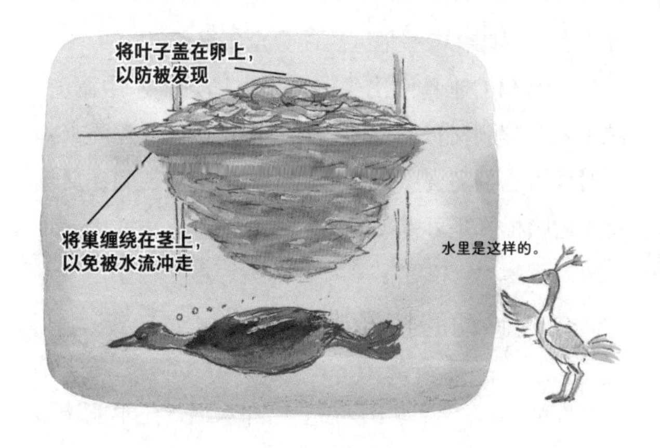

这个漂浮不定的世界呢？”

小鸊鷉会收集大量的枯草用来筑巢。浮巢的大部分都沉入水中，浮出水面的部分则当作内巢用来产卵。在孵卵期间，巢似乎会逐渐下沉，因此它们会不断添加草料。混入新鲜的叶子后发酵产生热量，也能为卵提供舒适的温度。

在水流动之处，它们会将巢缠绕在茎上，以免被水流冲走。鸟爸鸟妈离开鸟巢时还会将叶子盖在卵上，以防被乌鸦发现。

然而，最近城市中小鸊鷉的巢很多都是利用人类丢弃的垃圾搭建而成的，例如塑料瓶、塑料袋等，真是令人心痛。

小鸊鷉孵化出来的雏鸟就像野猪幼崽一般，有条纹状的迷彩图案。雏鸟以小鱼、水生昆虫、虾和贝类等为食，因此在一些地区可能会全年繁殖。

小鸊鷉的雏鸟刚出生时就能立即进入水中游泳，累了就会爬到父母的背上休息。不仅如此，危险来临的时候，它们还会藏入父母背上的羽毛中，骑在父母背上的模样真是可爱极了。

令人感动的控温措施

在孵卵时，亲鸟不仅需要给卵保温，还不能让卵的温度过高，否则卵就会被蒸熟。我曾在炎热的日子里见到小鸊鷉的亲鸟用翅膀轻拂卵，降低卵的温度，真是一幅柔情可爱的场景。这种贴心的温度调节不仅限于小鸊鷉，很多鸟儿都会这样做。

生活在非洲草原的黑喉麦鸡会在寒冷的夜晚为卵保温，在接近40摄氏度的白天用自己的身体遮挡阳

小鹏鹏用翅膀扇风

黑喉麦鸡用影子遮蔽

埃及鸻往沙子上浇水

双领鸻弄湿羽毛来给卵降温

光，防止卵的温度过高。在尼罗河炎热沙洲上筑巢的埃及鸻会在沙子上喷洒水分来给卵降温。生活在热带地区的双领鸻会弄湿自己的腹部羽毛，让巢和卵保持湿润，通过蒸发冷却来降温。这些都是多么令人感动的行为啊。

水上筑巢的鸟儿们

小鸊鷉擅长在水中游泳。正如下图的骨骼结构所示，它的双脚位于身体后侧，脚趾的皮肤横向张开形成类似于蹼的叶状瓣膜，因此具有很强的推进力。这种结构又称瓣蹼足，不同于鸭类的蹼足。所以比起鸭类，小鸊鷉能更自由地在水中活动。

然而也正因如此，小鸊鷉并不擅长在陆地上行

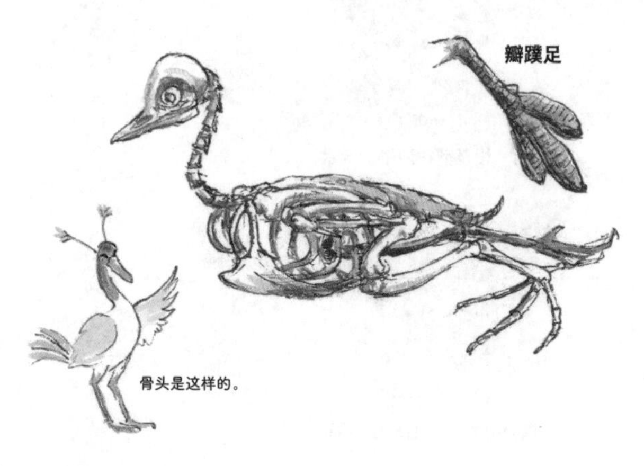

走，在巢中也常常步履蹒跚。所以它们逐渐演变出在水面筑巢的习性，不仅方便自己迅速进入水中，也让敌人难以接近。

此外，还有一类名为水雉的鸟儿也能在水面筑巢。它们并没有瓣蹼足，而是通过让脚趾异常变长，从而确保自己不会沉下去，获得了在浮草上行走的能力。

水雉虽然也在水面上浮放枯草筑巢，但由于身体纤细轻盈，使用的草料比小鸊鹈少一些。小鸊鹈的卵纯白无斑，水雉的卵则呈现出深邃美丽的色彩，形状也独具特色，一端呈尖状。不仅如此，其卵的表面还覆有一层油脂，具有防水功能。

虽然都在水面筑巢，但不同的鸟儿有不同的习性，卵和巢也呈现出不同的形态。它们一边适应着多样的环境，一边寻找着各自的生存之地。

水雉的巢和卵

褐河乌

学名 *Cinclus pallasii*

英文名 Brown Dipper

分类 雀形目河乌科河乌属

全长 约 20 厘米

巢址 瀑布内侧的石缝、桥梁的缝隙等

巢材 苔藓，内巢使用枯叶

特征 生活在平地至山地溪流间的留鸟，会潜入河水中捕食水生昆虫（石蝇、石蛾等）和小鱼等

实物大小的卵

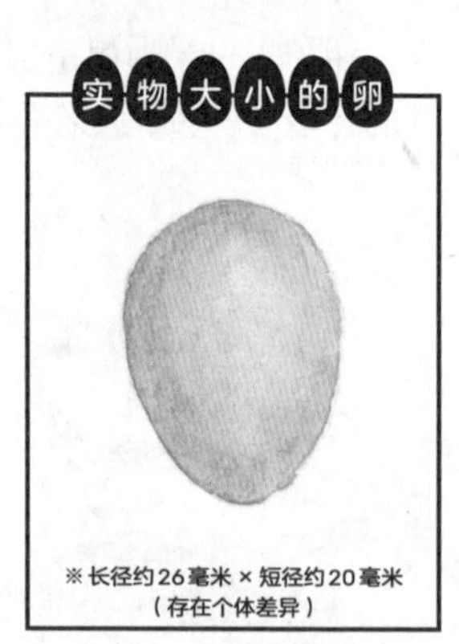

※长径约26毫米×短径约20毫米（存在个体差异）

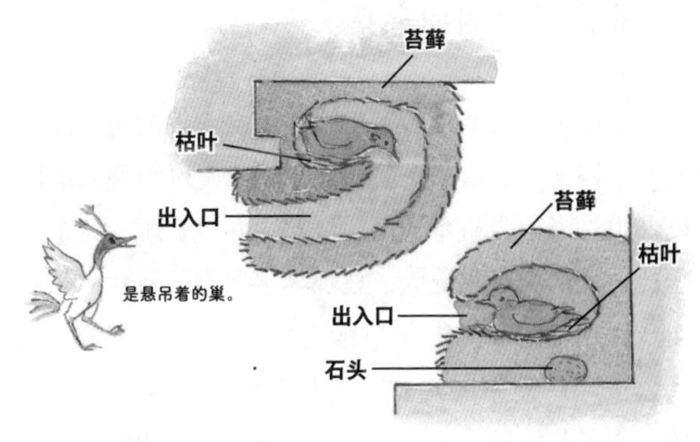

桥梁下的河乌巢

河乌不是乌鸦

褐河乌主要生活在溪流间，呈焦茶色，约和鸽子一样大。它们擅长游泳，会潜入水中捕食水生昆虫。其尾部会分泌油脂，通过用嘴将油脂涂抹全身，会让整个身体都覆盖一层油膜，即使在冰冷的水中也能够轻松游动。

尽管被称为“乌”，但它与我们熟知的黑色乌鸦并不是同一物种。

为了防止蛇和鼬等动物靠近，它们会收集苔藓在瀑布的内侧搭建半圆形屋顶的巢。为了防止水渗入内巢，还会在内巢铺设多层枯叶。

充满谜团的河乌巢

我家附近没有瀑布，但我在跨河大桥的桥梁上也发现了褐河乌的巢。巢壁和顶部都有大约10厘米的厚度。也许是因为桥梁周围比瀑布内侧更宽阔，这个巢也比普通的河乌巢更大。在那异乎寻常的形状中，我再一次感受到了鸟巢的多样性。

褐河乌使用的巢材主要是苔藓，摸起来十分柔软，却能稳稳地附着在桥梁上。不过如果用两手用力拉扯，也能轻易将其摘下来。巢的底部嵌有饭团大小的石头，这些石头不像来自桥梁，应该是河乌从别处衔来特意放置在巢的底部的，以防止鸟巢晃动或掉落。

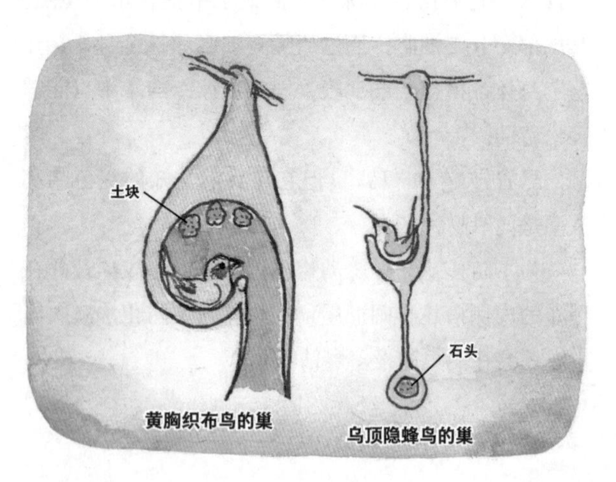

黄胸织布鸟的巢
乌顶隐蜂鸟的巢

我还曾在其他桥上见过倒挂在桥梁上的巢。巢的顶部固定在桥梁的凹陷处，下半部分则悬吊着形成巢的入口。仅用苔藓究竟是如何形成这样的结构的呢？或许是因为能在空中自由地飞行，加之重力的影响较小，鸟巢总是比人类建筑拥有更高的自由度。

生活在东南亚的黄胸织布鸟常在高树枝头用细长的叶子编织篮状的巢，它们有时也会向巢内添加团子状的土块，据说是为了防止巢被风吹动。南美的乌顶隐蜂鸟在细枝上用蜘蛛丝搭建悬挂的巢，为了防止巢被风摇动，它们会悬挂像砝码一样的小石头。也许河乌巢中的石头也具备类似的防震功能吧。

斑嘴鸭

学名 *Anas zonorhyncha*

英文名 Eastern Spot-billed Duck

分类 雁形目鸭科鸭属

全长 约 60 厘米

巢址 河边的灌木丛、草原、城市中的公园等

巢材 枯草、羽毛等

特征 几乎遍布日本全境的留鸟，生活在河边的杂食性动物，以水底植物的叶、茎、种子等为食

斑嘴鸭实物大小的卵
见第 185 页

※ 长径约 56 毫米 × 短径约 39 毫米
（存在个体差异）

斑嘴鸭的亲子队列

每年春天看到斑嘴鸭和它的孩子们成群结队出行的新闻，总是让人心情愉快。斑嘴鸭常在草丛和灌木丛中收集枯草和自身的羽毛筑巢。巢呈扁平状，大小约相当于一张大比萨。它们每次会产下十到十二个卵，并在约二十五天后孵化出雏鸭。

孵出的雏鸭一开始是湿漉漉的，但不久后羽毛就会变干燥，然后它们就能跟着父母行走，吃着地上的食物逐渐长大。

由于雏鸭破壳而出后立即就会离巢，所以斑嘴鸭的巢往往会因风雨而倒塌或散落，两三天后就会与周围的地面融为一体，让人难以辨认。

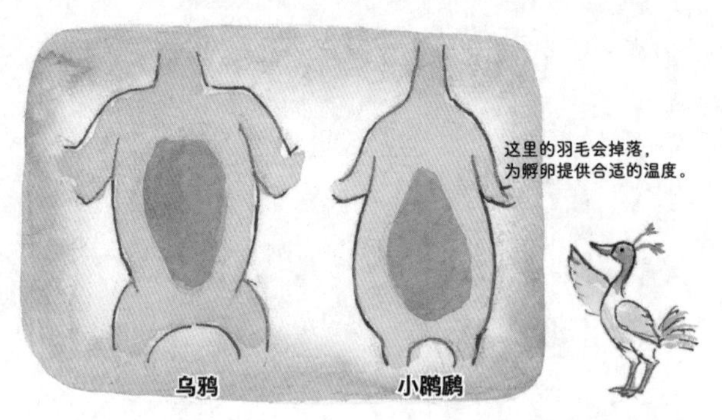

孵卵时羽毛掉落的地方

巢材是自己的羽毛

斑嘴鸭会拔下自己的羽毛作为巢材。为了给卵和雏鸟保温，它们的羽毛也会变得极易脱落。

在产卵期间，雌鸟羽毛脱落的部分被称为“孵卵斑”。羽毛脱落后，亲鸟的体温能够更直接地传递给卵，为孵卵提供合适的温度。

我曾在鸟巢展览上展示用羽毛和羊毛制成的鸟巢，很多人认为这样的巢材会让鸟巢变得温暖。但其实羽毛和羊毛自身并不发热，只是起到了阻隔外部冷空气的作用。能够给鸟巢提供温暖的只有亲鸟的体温，也就是鸟妈妈的爱。像白额雁等生活在西伯利亚、北欧甚至更北部地区的鸟儿，因为环境严寒，就会使用更多的羽毛来有效阻挡冷空气。它们的巢看上去就像是蓬松的大比萨，防寒能力很强。

帝雁的巢和卵

早成性和晚成性

虽然在灰胸竹鸡那一节已经提过，但既然说到了这里，我想在这一节更深入地探讨一下早成性和晚成性。

像斑嘴鸭这样从卵孵化成雏鸭时就已经长有羽毛，并且一旦羽毛干燥，就能立即跟随父母行走的鸟被称为“早成鸟”。早成鸟的卵通常较大，卵黄含量高，营养丰富，因此小鸟能在卵里长出羽毛后再孵化出来。想象一下鸡蛋和小鸡，可能会更好理解。

与此相对，雀形目的鸟儿大多是晚成鸟。卵较小，卵黄含量也较低，孵化出的雏鸟全身赤裸没有羽毛，眼睛也黑黑地凸出，一副未成熟的模样。

单从以上描述来看，似乎早成鸟更占优势。然而这种不同才正是生命的奥妙所在，也勾勒出了鸟巢的神秘之处。

前文提到的那些排成队列的可爱斑嘴鸭，它们学会飞行需要大概三个月的时间。在这段时间里，它们可能会受到蛇、鼬等的袭击，又或者找不到足够的食物，三个月后也许就只剩下三五只了。即便如此，能够真正成长为可以繁殖的成年个体的数量也很有限。所以，斑嘴鸭每次产卵时都会一次性产下十到十四个卵，不仅是鸟类，鱼和青蛙也会一次性产下大量的卵。这些都从侧面证明了它们存在被吃掉的风险，能够成长为可以产卵的个体数量十分有限。

另一方面，晚成鸟的雏鸟则可以待在安全的鸟巢中由父母喂食并清理排泄物，在父母的悉心照料下长大。它们虽然在未成熟的状态下出生，却能在两周后就全身长满羽毛，睁着圆圆的眼睛离巢而去。一般来说，晚成鸟会等产下一定数量的卵之后再开始孵化，每个个体的生长阶段几乎没有差异，早出生的雏鸟不会吃掉太多食物，晚出生的雏鸟也不会没有食物可吃。

此外，早成鸟由于需要步行寻找食物，营养主要分配给了后肢。晚成性的雏鸟则有父母适时喂食，营养主要用来发育前肢和飞行所需的翅膀。不仅如此，晚成鸟的脑袋也会比早成鸟大，可以更好地学会获取食物和生存所需的技能。

目前，全球共有九千多种鸟类，其中大约两千种是早成鸟，剩下的七千多种都是晚成鸟。显然，晚成性的育雏方式更具优势。而支撑这种育雏方式的，正是它们的鸟巢。

虽然晚成鸟以未成熟的形态出生，但它们能够在安全的鸟巢中成长，所以雀形目的鸟儿才得以繁衍兴旺。晚成鸟的鸟巢、袋鼠等有袋类动物的腹袋及人类的子宫，在大自然中扮演着相同的角色。

因遭受袭击或缺乏食物，大量雏鸟死亡

获得飞翔的能力后离
也会遭到袭击

早成性的雏鸟

出生时便长有羽毛，立即就能行走

晚成性的雏鸟

亲鸟在巢中悉心照料，
雏鸟得以健康成长

←

出生时全身赤裸没有羽毛，眼睛紧闭，
一副未成熟的模样

大天鹅

学名 *Cygnus cygnus*

英文名 Whooper Swan

分类 雁形目鸭科天鹅属

全长 约 140 厘米

巢址 水边

巢材 茎、叶、根、苔藓等

特征 栖息于欧亚大陆北部，冬季从北海道迁徙至本州的冬候鸟，食物主要为水生植物的叶和茎，也吃昆虫和贝类等，出生约 4 年后长成成鸟

实物大小的卵

大天鹅实物大小的卵
见第 185 页

※ 长径约 109 毫米 × 短径约 72 毫米
（存在个体差异）

扔草筑巢

大天鹅是冬候鸟，冬季在日本越冬。相比其优雅的白色身姿，大天鹅的筑巢过程出人意料地强劲有力。它们会一边转圈，一边将枯草扔向中央，逐渐堆积起巢穴。英文将这一动作称为Backward-throwing（向后投掷）的Steam-shovel method（蒸汽铲方式）。当枯草积累到一定程度形成小山时，它们就会在中央部位产卵。有些大型巢甚至能达到直径3米，高70厘米。

巢址与鸟类进化的相关性

如果说第4页提到的翼助斜坡奔跑假说的典型代

表是第147页的灰胸竹鸡，那么地上奔跑假说的典型代表就是大天鹅了。它们一边在地面奔跑一边扇动翅膀，逐渐获得了飞行的能力。

大天鹅在其生活的河流和湖泊等水域的岸边筑巢，雏鸟从卵中孵化出来后就会立即入水，在水中安全地生活。成长为成鸟后，它们的翅膀变得更加结实有力，能够在水面上一边奔跑一边挥动翅膀，然后腾空而起。应该很多人都在冬季的清晨见过一大群大天鹅起飞的场景吧。

河流和湖泊附近常有大风，水分也易蒸发造成空气流动，这让鸟儿更容易起飞。所以我认为比起地上奔跑假说，水上奔跑假说更为合适。

有一些学者反对地上奔跑假说，他们的依据是奔跑速度快会导致腿部肌肉增长，从而使身体变沉无法飞行。鸵鸟就是很好的例子。那么大天鹅的情况又如何呢？

前文我们提到，大天鹅是在水面奔跑着振翅飞翔

的。水面辽阔，摩擦力小，所以鸟儿可以利用风力起飞。树上滑翔假说的原理也类似，高树上的鸟巢周围存在上升气流，始祖鸟等原始鸟类借助滑翔锻炼了振翅肌肉，从而成为鹫等鸟类。

关于小型恐龙如何学会飞翔的争论已经持续了上百年，至今仍无定论，像鹫一样在奔跑中起飞，或像野鸡和天鹅一样从高树上飞下进化成如今的形态，似乎都显得不太自然。但可以肯定的是，这些争论都未纳入关于鸟巢的视角。

如果将每种假说分别加上前提——“灌木丛中的鸟巢”“水边的鸟巢”“树上的鸟巢”，这些现象就变得不再神秘了。

为了保证卵的安全，鸟儿们选择在合适的地点筑巢孵卵。又因为需要迁移到更加安全的地方，它们开始振翅并进化出振翅肌，就这样创造出了一个丰富多样的鸟类世界。

金眶鸻

学名 *Charadrius dubius*

英文名 Little Ringed Plover

分类 鸻形目鸻科鸻属

全长 约 16 厘米

巢址 河边等

巢材 小石子、细沙等

特征 栖息于河流、湖泊、池塘等水域附近，以昆虫、蚯蚓等为食

实物大小的卵

※ 长径约 28 毫米 × 短径约 20 毫米（存在个体差异）

田 N

筑巢中的金眶鸻

庭园般的鸟巢

金眶鸻眼周呈金黄色，是日本最小的鸻科鸟类。值得一提的是，鸻科鸟类走路时总是呈“之”字形，走着走着就会突然停下来，就像在缝纫时将丝线交叉缝制一般，所以人们又将这种“之”字形的针脚称为“千鸟针脚”[1]，将这种缝纫的手法称为“千鸟缝”。而醉酒后摇摇晃晃走路的姿态又被称作“千鸟足”，相信很多人都有亲身经历。

金眶鸻的巢看上去只是简单堆积了一些小石子，但仔细观察就会发现，它们其实做得非常漂亮。白色、灰色的小石子和枯草混合在一起，仿佛京都的石庭。为了防止卵滚走，保护它们不被外敌发现，金眶鸻衔来一个个小如米粒的石头堆积在自身周围，想象一下那个画面就觉得真是可爱极了。

1　“鸻”的日语为“千鸟”，下文也有所提及。

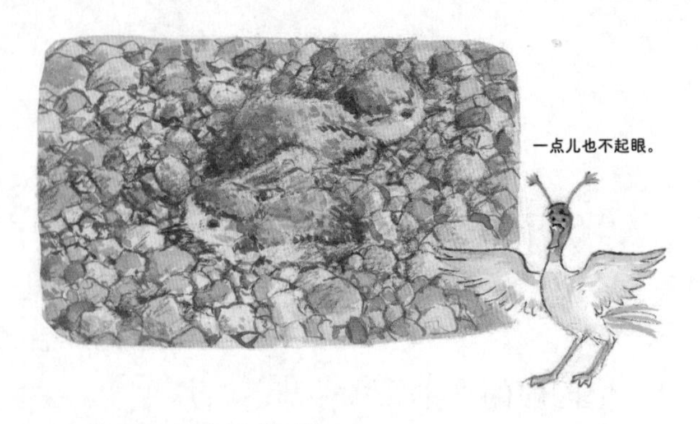

金眶鸻的筑巢技巧

虽然看上去朴素，但巢对于金眶鸻来说意义重大，这与卵和雏鸟的斑纹有关。

如果单看金眶鸻的卵和雏鸟，似乎并无特别之处。但一旦它们靠近巢，就会像视错觉画般突然消失。卵的形状也十分独特，一端尖尖的，朝向巢的中央，四只卵紧密地聚集在一起。不仅如此，当外敌靠近，成鸟发出警戒的叫声，雏鸟就会立刻静止不动，这让它们变得更加隐蔽。

自奈良时代以来，金眶鸻、长嘴剑鸻、环颈鸻在日语中就一直被统称为“千鸟”。令人遗憾的是，《万叶集》中咏诵千鸟的和歌多达二十首以上，却至今尚未发现提及鸟巢的诗句。这也许正是如上文所述般，鸻科鸟类的巢和卵太难以被人发现的缘故吧。即使是万叶时代的诗人们，也未能注意到巢中的卵或安静的雏鸟。如果说昆虫的拟态已经十分奇妙，鸟蛋和雏鸟的伪装更是令人惊叹。

因此，由石头堆积而成的鸟巢并不代表着鸟儿懒惰或愚蠢。在金眶鸻看来，四处收集小石子堆积在自身周围，对它来说就是最安全舒适的空间。

后记

本书介绍了许多有特色的鸟巢，但这也仅仅是日本诸多鸟巢中的一部分。

在日本繁殖的鸟儿大约有二百五十种，世界上则有九千多种鸟儿在筑巢育雏。日本的气候相对温暖，肉食动物较少，海外的环境则更为严酷。日间气温有时能高达40摄氏度以上，夜间气温又能低至零下10摄氏度以下。有在树枝间跳跃的猴子，还有肉食动物、爬行动物等诸多会对卵和雏鸟造成威胁的生物。在这样的环境下，为了保护卵和雏鸟，鸟儿在筑巢时费尽心思，其巧妙的设计也令人惊叹不已。

尽管未能一一介绍所有的鸟巢，但这并不是本书的目的。我最想向读者传达的一点是：鸟儿天生就会筑巢，不需要向谁学习。父母、学校、书籍，都不会教导鸟儿如何筑巢。到了特定的时期，它们的身体自然就会开始行动——飞向温暖的南方、收集巢材、求偶。这是生存的本能。它们不为了追随潮流，不为了赚钱，更不会因为麻烦而让他人去做。花费数日只为保证即将孵化的卵和雏鸟的安全，这是多么纯粹又无私的行为。而这种本能的力量，也存在于同为生物的人类之中。

就像书中写到的那样，为了适应各种各样的环境，鸟儿心仪的栖息地和鸟巢的形状各不相同。如果将鸟类比作人类，我觉得它们对应着不同的职业。每个人会根据自己的个性和体质选择适合自己的职业，例如面包师、医生、建筑师、教师、运动员、音乐家、销售员、办公室职员、店员等。

鸟儿适应着多样的环境，搭建出各式各样的巢。同样，人类也生活在不同的环境中，从事形形色色的工作，两者的共同点在于都与生命的孕育和成长息息相关。

鸟儿在空中自由地飞翔，飞去筑巢的地方。

作为同样的地球生命，你也拥有同样的力量。

属于你的鸟巢，只有你才能找到，只有你才能创造。去吧，像鸟儿一样自由生活吧！

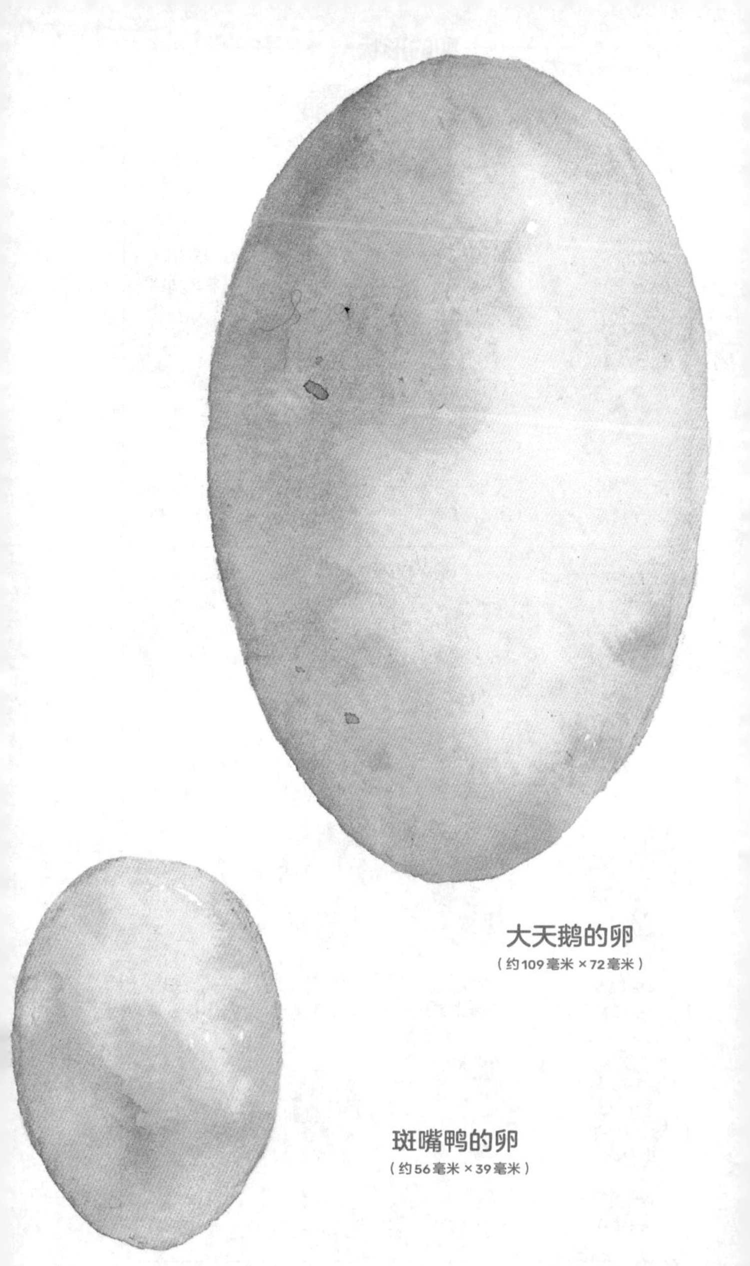

大天鹅的卵

（约109毫米×72毫米）

斑嘴鸭的卵

（约56毫米×39毫米）

卵的形状

卵形
（长尾鸡）

圆筒形
（汤加冢雉）

椭圆形
（黑背信天翁）

球形
（黄褐林鸮）

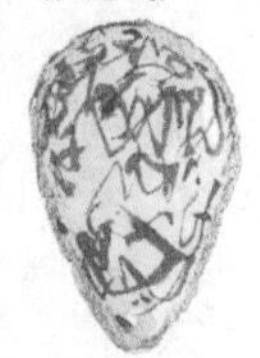
长洋梨形
（崖海鸦）

长卵形
（白嘴潜鸟）

洋梨形
（黑腹滨鹬）

短洋梨形
（长趾滨鹬）

卵的花纹

素色
（灰嘲鸫）

帽状
（壮丽细尾鹩莺）

斑点
（灰颊夜鸫）

带状
（灰扇尾鹟）

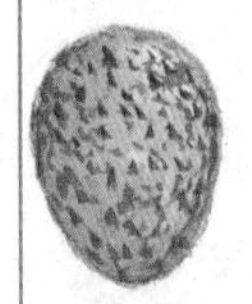
小斑点
（赤胸鸫）

条纹
（大冠蝇霸鹟）

带纹
（红极乐鸟）

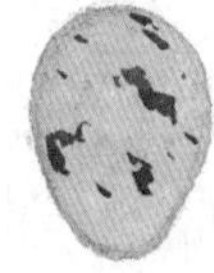
斑痕
（拟鹂）

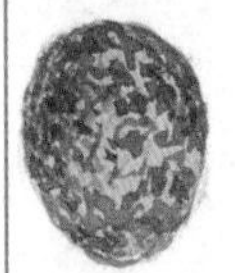
小斑痕
（赤胸鸫）

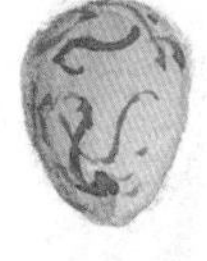
溅墨
（红颈苇鹀）

大斑痕
（黄喉花蜜鸟）

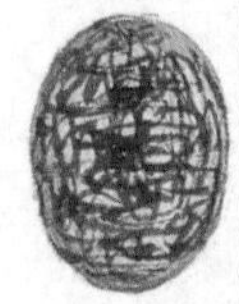
抽象
（大亭鸟）

参考资料

★《原色日本野鸟生态图鉴》(『原色日本野鳥生態図鑑：陸鳥編・水鳥編』)，中村登流、中村雅彦著，保育社，1995年。
★《野鸟的生活》(『野鳥のくらし』)，水野仲彦著，保育社，1996年。
★《日本野鸟巢与卵图鉴》(『日本の野鳥巣と卵図鑑』)，小海途银次郎著、林良博监修，世界文化社，2011年。
★《日本鸟类的卵与巢》(『日本産鳥類の卵と巣』)，内田博著，松山书房，2019年。
★《世界655中鸟、卵及鸟巢大图鉴》(『世界655種鳥と卵と巣の大図鑑』)，吉村卓三著、林良博监修、铃木守绘，Bookman出版社，2014年。
★《鸟类学》(『鳥類学』)，弗兰克・吉尔（Frank Gill）著，新树社，2009年。
★《世界鸟类行动的秘密》(『世界の鳥 行動の秘密』)，罗伯特・伯顿（Robert Burton）著，旺文社，1985年。
★《各种各样的鸟巢图鉴》(『いろいろたまご図鑑』)，白杨社编，白杨社，2005年。
★《不可思议的鸟巢》(『たまごのふしぎ』)，吉村卓三著，奥德修斯出版，2000年。
★《银喉长尾山雀的群居社会》(『エナガの群れ社会』)，中村登流著，信浓每日新闻社，1991年。
★《图解自然观察系列之鸟》(『図解自然観察シリーズ 鳥』)，狩野康比古监修，学研出版，1977年。
★《日本鸟类大图鉴》(『日本鳥類大図鑑』)，清棲幸保著，讲谈社，1965年。
★《朝日百科・动物们的地球・鸟类》(『朝日百科 動物たちの地球 鳥類』)，朝日新闻社，1991年。
★《江户鸟类大图鉴》(『江戸鳥類大図鑑』)，堀田正敦著、铃木道男编，平凡社，2006年。
★《图说日本鸟名由来辞典》(『図説日本鳥名由来辞典』)，菅原浩、柿泽亨三著，柏书房，1993年。

★《鸟类骨骼标本图鉴》（『鳥の骨格標本図鑑』），川上和人著、中村利和摄，文一综合出版，2019年。
★《季语集（上下）》（『季寄せ』），山本健吉编，文艺春秋，1973年。
★《视觉博物馆·猛禽类》（『ビジュアル博物館 猛禽類』），杰米玛·帕里-琼斯（Jemima Parry-Jones）著，同朋社，1998年。
★《山溪手持图鉴·日本野鸟》（『山渓ハンディ図鑑 日本の野鳥』），叶内拓哉、安部直哉著，山之溪谷社，1998年。
★《鸟类》（『鳥類』），山阶芳麿、时代社生活编辑部、罗杰·彼得森（Roger Peterson）著，时代生活出版社，1969年。
★《北西伯利亚鸟类图鉴》（『北シベリア鳥類図鑑』），A.V.克莱玛（A.V. Krechmar）著，文一综合出版，1996年。
★《世界鸟类手册·卷14》（*Handbook of the Birds of the World Vol.14*），大卫·A.克里斯蒂（David A. Christie）、安德鲁·艾略特（Andrew Elliott）、约瑟夫·奥约（Josep del Hoyo）编，西班牙猞猁出版社，2009年。
★《北美鸟类的巢、卵及雏鸟》（*Nests, Eggs, and Nestlings of North American Birds*），保罗·J.巴希奇（Paul J.Baicich）、科林·J.O.哈里森（Colin J.O. Harrison）著，学术出版社，1997年。

小开本 C π QST N
轻松读文库

产品经理：张雅洁
视觉统筹：马仕睿 @typo_d
印制统筹：赵路江
美术编辑：杨瑞霖
版权统筹：李晓苏
营销统筹：好同学

豆瓣 / 微博 / 小红书 / 公众号
搜索「轻读文库」

mail@qingduwenku.com